NEXT LEVEL CMO

1. Auflage 2022

Verlag
Next Factory Ottensen,
SinnerSchrader Aktiengesellschaft,
Campus Kronberg 1, 61476 Kronberg im Taunus
nextfactory@sinnerschrader.com

Buchkonzept/Gestaltung
Heidemann und Klein GbR, Hamburg

Druck/Produktion
Gutenberg Beuys Feindruckerei GmbH, Langenhagen

Klimaneutrales Druckprodukt
climatepartner.com/10951-2207-1009

Material/Papier
Fedrigoni Arena Rough

Schriften
Akkurat (Lineto)
Tiempos Text (Klim Type Foundry)

ISBN
978-3-948580-05-6
978-3-948580-65-0 (E-Book)

Herausgegeben von Matthias Schrader

Martin Recke, Adam Tinworth

NEXT LEVEL

Wie sich die Rolle des Marketings völlig verändert

CMO

NEXT FACTORY OTTENSEN – NFO/05/CMO

Inhalt

8 Vorwort

Ready Player One — Von Matthias Schrader

Ready Player One

Von Matthias Schrader

Die Welt des Marketings verändert sich dramatisch. In den letzten 30 Jahren haben sich die Marketingabteilungen entlang der Kundenkontaktpunkte aufgefächert. Für ihre spezifischen Bedürfnisse hat das Marketing in den Unternehmen entsprechende Kompetenzen ausgeprägt: TV & Print Creative, Content, Design, Direct, Event, Media, PR und natürlich Digital.

Das Internet hat diese Kontaktpunkte mit dem Kunden zugleich auf ein paar Zentimeter Bildschirmgröße gefaltet. Das Smartphone absorbiert als universelle Simulationsmaschine alle traditionellen Kanäle und gebiert kontinuierlich aufstrebende Medien wie Games, Social, Messenger und Metaverse. Die Explosion der Kanäle und die Implosion der Touchpoints schleifen die Mauern zwischen den Marketingabteilungen.

Zudem verwischen die Grenzen zwischen Marketing und Vertrieb. Jeder digitale Touchpoint wird zu einem Point of Sale, und Unternehmen verwandeln sich in Direct-to-Consumer-Marken. Die neue Trilogie aus Branding, Performance-Marketing und Commerce ordnet die entsprechenden Teams in der Marketingorganisation neu. Der Sales Funnel hat als mentales Modell ausgedient und wandelt sich zu einem kontinuierlichen Strom von Kundenkontaktpunkten, der stetig analysiert und optimiert wird.

Performance-Marketing: eine Marketingstrategie, die auf messbare Ergebnisse (→ Conversion Rate, → Key Performance Indicator) ausgerichtet ist und Daten zur Entscheidungsfindung nutzt

Sales Funnel: die Schritte, die ein potenzieller Kunde vom ersten Kontakt mit einer Marke oder einem Unternehmen bis zur Kundenwerdung durchlaufen muss; oft unterteilt in → Upper Funnel, → Mid Funnel und → Lower Funnel (→ Customer Journey)

agil: ein iterativer Ansatz für die Software-entwicklung, der verwendet wird, um auf Veränderungen zu reagieren; wird auch in anderen Kontexten eingesetzt, zum Beispiel im Marketing

Jede Steigerung bei der Optimierung des Erlebnisses und dem Erreichen von Relevanz bei Marke, Produkt und Zielgruppenansprache sorgt für übermäßiges Wachstum in einer Medienwelt, die den Kundenzugang über einen Auktionsmechanismus regelt. Nur wer das Kontinuum des neuen Marketing/Commerce-Kreises beherrscht, wird wachsen.

Marketing, Handel und Produktinnovation sind ein Technologiespiel. Viele Unternehmen stehen vor der Herausforderung, dass sie ihr technologisches Fachwissen oft verloren haben, weil sie sich daran gewöhnt haben, technische Dienstleistungen als standardisiertes Offshore-Produkt zu einem möglichst niedrigen Preis einzukaufen. In den Augen des Kunden bedeutet Standard jedoch Massenware. Und Standardmarken ertrinken heute im Meer der Mittelmäßigkeit.

Relevanz für den Kunden kann nur durch Innovation und Differenzierung erreicht werden – technisch gesprochen ist ein hohes Maß an maßgeschneiderter Software zwingend erforderlich. Die meisten CIO-Büros und Beschaffer haben dies verlernt. Stattdessen wird Individualentwicklung im Software-Engineering noch zu oft mit agilen Methoden verwechselt.

Infolgedessen sind viele Unternehmen in dysfunktionalen Prozessmonstern aus der Hölle gefangen. Parallel dazu kommt Technologie-Know-how durch die Hintertür über das Marketing und die fortschrittlichen Geschäftsbereiche wieder in die Unternehmen. Immer mehr

Unternehmen emanzipieren sich von der süßen Droge der Standardsoftware.

Die Forderung nach einer kanalübergreifenden Sicht – und damit Infrastruktur – auf alle Daten sowie der globale Roll-out von Marketing- und Commerce-Lösungen stellen hohe Anforderungen an den CMO und seine Organisation. Viel wichtiger ist jedoch ein anderer Faktor: Geschwindigkeit.

Die Pandemie hat das Kundenverhalten radikal verändert. Das E-Commerce-Volumen ist in 20 Monaten der Pandemie so stark gewachsen wie in den ersten 20 Jahren des Internets von 1995 bis 2015. Auch in qualitativer Hinsicht sehen wir tektonische Verschiebungen. Der Gesamtmarktanteil von kleinen und Nischenmarken ist von unter 20 Prozent in der physischen Welt auf über 60 Prozent in den digitalen Kanälen explodiert. Letzter Datenpunkt: Shein hat innerhalb von zwei Jahren Zara und H&M als Pure Player aus China überholt – ohne überhaupt ein eigenes Geschäft in China zu betreiben.

Die Welt verändert sich derzeit in einem atemberaubenden Tempo. Digitalisierung, Pandemie, Ukrainekrieg und Inflation – um nur die großen exogenen Schocks der letzten Zeit aufzureihen – verändern das Verhalten der Menschen immer schneller.

Im Next Level des Marketings genügt es nicht mehr, nur das Kontinuum der Touchpoints Kommunikation, Commerce und Produkt zu optimieren, sondern es gilt die Marke in der gesamten Lebenswirklichkeit der Konsumenten relevant zu machen.

Eine neue Generation von CMOs, die mit digitalem Marketing groß geworden sind, stellt sich der Herausforderung. Für dieses Buch haben wir eine Reihe von Marketeers befragt. Wie sehen sie das Marketing und das Profil eines Next-Level-CMOs? In diesen 22 Interviews zeichnet sich ein vielschichtiges, aber dennoch konsistentes Bild ab.

Die heutige Zeit schreit nach Marken. Aber die heutigen Marken sind anders, denn sie beginnen mit dem Kunden, der Experience und reichen in die gesamte Lebenswirklichkeit der Menschen hinein. Es ist der Schritt von der Customer-Centricity zur Life-Centricity.

Diese Neupositionierung des Marketings macht die Disziplin wieder zur obersten Chefsache. Es ist kein Zufall, dass während des Schreibens dieses Buches drei der von uns befragten Marketeers entweder zum CEO oder zum Geschäftsführer ernannt wurden.

Es ist ebenso kein Zufall, dass die mittlere Amtszeit von CMOs bei 28 Monaten und damit nur geringfügig über dem niedrigsten Stand seit Beginn der Aufzeichnungen liegt. **[1]** Die Rolle des CMO steht unter Druck. Aber es ist ein Druck zu wachsen. Next-Level-CMOs stehen an der Spitze der digitalen Transformation. Das hat durchaus Sinn, da die digitale Wirtschaft schätzungsweise 2,5-mal schneller wächst als das gesamte BIP. **[2]**

[1] — **Welch, Gregory W. et al.** (2022). CMO Tenure Study: Women outnumber men for the first time in the CMO role. Spencer Stuart.

[2] — **Huawei and Oxford Economics** (2017). Digital spillover. Measuring the True Impact of the Digital Economy.

Diese Chance ist mit enormen Veränderungen und Komplexität verbunden. Das größte Problem für das Marketing ist der Mensch, der mit Veränderungen konfrontiert wird – die oft unangenehm sein können – und sich dagegen wehrt. Daher müssen Marketeers veränderungsbereite spezialisierte Generalisten sein.

Es gibt kein einheitliches Modell, kein Geheimrezept. Das nächste Level des Marketings kann nur erreicht werden, wenn aus all diesen Bausteinen ein durchgängiges System geschaffen wird. Diese Systeme variieren je nach Branche, Unternehmen und dessen digitalem Reifegrad. Sie verändern sich im Laufe der Zeit, um ihre Kontinuität zu gewährleisten, wie es bei Systemen üblich ist.

Die Erfahrungen von 22 Marketingexperten aus verschiedenen Branchen, mit unterschiedlichen Hintergründen, herausragenden Karrieren und verschiedenen Ansichten bieten großartige Einblicke in die aufregende Welt des Marketings von heute.

Willkommen auf dem nächsten Level.

—

Matthias Schrader leitet Accenture Song in Deutschland, Österreich und der Schweiz. 1996 gründete er die Agentur SinnerSchrader – die 2017 von Accenture übernommen wurde – und 2006 die renommierte Digitalkonferenz NEXT.

14

Laura Eschricht — Global Marketing Director, Zalando

„Marketeers müssen besser informiert und agiler sein als je zuvor.“

Laura Eschricht

Global Marketing Director, Zalando

— Geboren in Hamburg und aufgewachsen in Düsseldorf
— Abenteuerlustig und reisefreudig
— Mit zwölf Jahren begann sie, auf einem 386er-PC ein Nachbarschaftsmagazin herauszugeben
— Schon immer war klar, dass sie ins Marketing oder in die Werbung gehen wollte

agil: ein iterativer Ansatz für die Softwareentwicklung, der verwendet wird, um auf Veränderungen zu reagieren; wird auch in anderen Kontexten eingesetzt, zum Beispiel im Marketing

Laura Eschricht ist der Meinung, dass sich die Rolle des Marketeers nie schneller verändert hat als in den letzten 15 Jahren. Heutzutage ist es schwer vorstellbar, dass zu Beginn ihrer Karriere Unternehmen den Internetzugang auf den Computern ihrer Mitarbeiter gesperrt hatten. Oder dass der Job als Website-Manager als eine Sackgasse galt. Alles, was heute selbstverständlich ist, war damals Neuland: Social Media gab es noch nicht, E-Commerce war völlig neu und Online-Marketing stand erst ganz am Anfang.

Früher war das Playbook eines Marketeers viel einfacher. Es gab Printwerbung, TV-Spots, Out-of-Home-, Radio- und vielleicht Kinowerbung, und die Medien hatten noch ein Informationsmonopol. Die Kommunikation war meist einseitig: Eine Marke sprach zum Verbraucher, und es gab kaum eine Rückmeldung. Heute ist der Verbraucher besser informiert und involviert als je zuvor. Soziale Medien haben jedem eine Plattform gegeben, und die Menschen suchen Dialog und Kommunikation in beide Richtungen nicht nur mit Marken, sondern auch mit Content Creators und Influencern.

„Marketeers müssen besser informiert und agiler sein als je zuvor“, sagt Laura. Und der Strom der Innovationen hört dort nicht auf. Zum Beispiel können Marken jetzt im Metaverse präsent sein, einem halb virtuellen, halb realen Raum. TikTok ist während der Pandemie als neue Social-Media-Plattform rasant gewachsen und hat es allein in Deutschland auf über zehn Millionen Nutzer gebracht, von denen viele ausschließlich auf TikTok unterwegs sind und keine anderen sozialen Plattformen nutzen. „Ich frage mich, wann hat es sonst so grundlegende Veränderungen im Marketingbereich gegeben? Wahrscheinlich noch nie."

Und solche Beispiele gibt es viele. Nehmen wir die Rückkehr der QR-Codes. Alle dachten, sie seien tot. Als sie zum ersten Mal als faszinierende Möglichkeit eingeführt wurden, weitere Informationen bereitzustellen oder auf eine andere Website zu verlinken, wollte sich niemand die Zeit nehmen, sie zu scannen. Jetzt hat die Pandemie QR-Codes in den Alltag gedrängt, und plötzlich sind sie Teil unserer normalen Routine geworden. Für das Marketing bedeutet das: Wenn wir jetzt irgendwo einen QR-Code einfügen, scannen die Leute ihn viel eher, weil die Pandemie uns geholfen hat, dieses Medium in unser Leben zu integrieren. „Als Marketeer muss man schnell handeln. Aber das Schöne ist, dass man viele Dinge einfach testen und daraus lernen kann."

So geschah es im Frühjahr 2021, als Clubhouse scheinbar aus dem Nichts auftauchte und mehrere Wochen lang einen Hype erlebte. Alle fragten sich: Sollte unsere Marke auf Clubhouse sein? „Und dann kann man es einfach ausprobieren. Man kann etwas veranstalten, und wenn es nicht funktioniert, und ich persönlich habe den Eindruck, dass Clubhouse massiv nachgelassen hat, dann kann man es einfach wieder sein lassen." Dennoch, stellt Laura fest, muss das Marketing im Vergleich zu vor 15 Jahren viel analytischer und faktenorientierter sein. „Dieses stereotypische Marketing, das nur aus schönen Bildern besteht, existiert nicht mehr, denn man muss alle

Key Performance Indicator (KPI): ein messbarer Indikator für das angestrebte Ziel

verfügbaren Daten und Erkenntnisse nutzen, um fundierte Entscheidungen zu treffen."

Gleichzeitig ist das Marketing eine wichtige funktionsübergreifende Abteilung, und man muss in der Lage sein, dieselbe Sprache zu sprechen wie andere Abteilungen, etwa die Finanzabteilung. „Wenn ich also mit dem CFO darüber sprechen muss, ob mein Budget gekürzt werden kann oder nicht, kann ich nicht sagen: ‚Aber der TV-Spot hat allen gefallen.' Das wird nicht reichen. Ich muss der Organisation anhand von Daten und KPIs beweisen, dass meine Abteilung nicht nur eine Kostenstelle ist, sondern wirklich ein wichtiger Werttreiber."

Laura hat die meiste Zeit ihrer Karriere in der Kosmetikbranche verbracht. Was sie an dieser Branche so begeistert, ist nicht nur die Tatsache, dass Kosmetikkonzerne marketingorientierte Organisationen sind, sondern auch, dass Marke und Markenaufbau im Mittelpunkt jedes Unternehmens stehen. Sie arbeitete fast ein Jahrzehnt lang in New York, bevor sie nach Berlin zu Zalando ging, wo sie zuletzt ein Marketingteam für das Off-Price-Geschäft aufgebaut hat.

Zalando hatte sie schon lange aus der Ferne fasziniert. Für sie war Zalando eines der ersten digitalen Unternehmen, die nicht nur bewiesen, dass Deutschland einen starken Unternehmergeist hat und dass deutsche Start-ups auf europäischer und globaler Ebene wettbewerbsfähig sein können, sondern auch, wie man eine ziemlich traditionelle Branche revolutionieren und sogar das Verbraucher-

Fast Moving Consumer Goods (FMCG): Produkte des täglichen Bedarfs, auch bekannt als Konsumgüter (Consumer Packaged Goods, CPG)

Performance-Marketing: eine Marketingstrategie, die auf messbare Ergebnisse (→ Conversion Rate, → Key Performance Indicator) ausgerichtet ist und Daten zur Entscheidungsfindung nutzt

verhalten ändern kann, indem man einen daten- und technologiegestützten Ansatz verfolgt. Daher war sie sehr daran interessiert, in einem solchen Tech-Unternehmen zu arbeiten und die Herausforderung des Marketings für die größte Region bei Zalando anzunehmen.

Unsere Welt wird immer stärker datengesteuert. Für Laura ist das eine Herausforderung für das Marketing, aber auch eine Chance. Marketing kann Daten nutzen, um endlich seinen wirklichen Mehrwert aufzuzeigen und auch außerhalb der klassischen markengetriebenen Branchen wie FMCG und Beauty als echter Wachstumstreiber wahrgenommen zu werden.

„Ich denke, Unternehmen haben endlich den Wert des Brand-Marketings verstanden, denn Performance-Marketing-Kampagnen sind endlich. Letzten Endes dreht sich alles um menschliche Emotionen. Und diese lassen sich nicht final messen. Das unterscheidet meines Erachtens erfolgreiche von weniger erfolgreichen CMOs. Sie haben die sogenannte informierte Intuition: Man kann 85 Prozent einer Entscheidung auf Daten basieren, aber für die letzten 15 Prozent muss man sich auf sein Bauchgefühl verlassen."

Sie ist der Meinung, dass Marketeers kundenorientiertes Denken sowie starke analytische Fertigkeiten brauchen und in der Lage sein müssen, ständig neue Informationen aufzunehmen, zu bewerten und ihre Entscheidungen entsprechend anzupassen. Das bedeutet nicht, ständig die Vision oder die Strategie zu ändern. „Das Ziel steht fest, aber um dorthin zu gelangen, muss das

Laura Eschricht — Global Marketing Director, Zalando

„Ich persönlich halte einen CEO, der das Unternehmen mit seinen Marketingfähigkeiten vorantreibt, für ein Vorbild."

Sales Funnel: die Schritte, die ein potenzieller Kunde vom ersten Kontakt mit einer Marke oder einem Unternehmen bis zur Kundenwerdung durchlaufen muss; oft unterteilt in → Upper Funnel, → Mid Funnel und → Lower Funnel (→ Customer Journey)

Marketing in der Lage sein, taktische Änderungen vorzunehmen, wenn die Situation es erfordert."

Heutige CMOs sollten zu 65 Prozent datengesteuert und zu 35 Prozent kreativitätsgesteuert sein. „Wer rein datengetrieben ist, hat es am Ende schwer, weil er einfach nicht den Funken erkennt, den es braucht, um mit einer Kampagne beim Publikum Emotionen hervorzurufen oder eine Verbindung aufzubauen. Gleichzeitig sehe ich immer wieder CMOs, die Schwierigkeiten haben, ihre Marketingausgaben zu rechtfertigen, weil sie eher Teil der alten Schule oder die klassischen Werber sind. Es ist sehr wichtig, sich an den Tisch setzen zu können und die wichtigsten Stakeholder zu überzeugen, denn es wird immer ein Gerangel um Ausgaben geben. Wenn die Unternehmenszahlen nicht stimmen, ist es das Einfachste, den Rotstift zu nehmen und das Marketingbudget zu kürzen. Und es geht darum, anhand von Daten und Zahlen zu zeigen, warum dies eigentlich keine gute Idee ist."

Da überzeugende Daten selten im Voraus verfügbar sind, brauchen CMOs das Vertrauen des Vorstands. „Wir werden noch lange durch die dunkle Nacht segeln, und ich brauche das Vertrauen, dass man bereit ist, mit mir auf diese Reise zu gehen", wie Laura es ausdrückt. Deshalb hält sie es auch für entscheidend, dass CMOs den gesamten Marketing-Funnel betreuen. So können sie Investitionsentscheidungen selbst treffen: Wann ist es besser, kurzfristig taktisch zu agieren, und wann ist es sinnvoller, langfristig in die Markenbekanntheit zu investieren?

Laura merkt an, dass selbst in großen US-Unternehmen die CMOs lange Zeit überhaupt keinen Sitz am Vorstandstisch hatten. Marketingleute waren auf die Position eines Executive Vice President beschränkt, und es gab keinen formellen C-Level-Titel. Dass es mittlerweile immer mehr echte CMOs gibt, zeigt für sie ganz deutlich, dass man die Bedeutung des Marketings als Werttreiber und nicht nur als Kostenstelle verstanden hat.

„Ich persönlich halte einen CEO, der das Unternehmen mit seinen Marketingfähigkeiten vorantreibt, für ein Vorbild. Denn Marketing ist für mich immer das Herzstück eines Unternehmens. Nehmen wir Richard Branson oder Walt Disney: Das sind Beispiele für CEOs, die ganz klar verstanden haben, dass Marketing am Ende den Unterschied macht und sie das Spiel gewinnen, wenn sie es schaffen, eine echte Love Brand aufzubauen. Solche CEOs sind meine Vorbilder, weil ich so fest davon überzeugt bin, dass man ohne Marketing nicht auskommt. Und Marketing muss Chefsache sein."

Die wichtigste Priorität für das Marketing sieht sie darin, sich immer in die Lage des Kunden zu versetzen. Was brauchen sie? Was wollen sie? Was ist die Vision für sie? „Ich höre oft dieses Argument, das meist Henry Ford zugeschrieben wird: ‚Wenn ich die Leute gefragt hätte, was sie wollen, hätten sie gesagt, ein schnelleres Pferd.' Kundenorientiertes Denken bedeutet nicht, dass ich 1:1 genau das mache, was mir die Leute sagen. Ich denke, ein guter Problemlösungsansatz ist, wie Produktteams in Technologieunternehmen an solche Fragestellungen heranzugehen.

Sie fragen sich immer, was das eigentliche Bedürfnis ist, das einem Problem zugrunde liegt, und versuchen es dann aus dieser Perspektive zu lösen."

Die zweite Priorität ist der Aufbau echter Brand Love. Letztendlich ist es die emotionale Bindung, die Verbraucher dazu bringt, beispielsweise Nivea-Produkte dem White-Label-Äquivalent Balea von dm vorzuziehen, obwohl Balea mittlerweile selbst eine Marke ist. Markenliebe ist der Grund, warum Verbraucher immer wieder bereit sind, einen Aufpreis für eine Marke zu zahlen, deren Mehrwert aus reiner Produktsicht nicht eindeutig erkennbar ist.

„Der dritte Punkt ist, immer einen messbaren Rahmen zu schaffen und dann wirklich einen Mehrwert für das Unternehmen zu generieren. Also nicht davor zurückzuschrecken oder darauf zu pochen, dass man Brand-Marketing schwer messen kann. Sicherlich kann man nicht alles einwandfrei messen, aber man kann immer Brücken bauen und Proxys schaffen, die einem helfen, nicht nur fundierte Entscheidungen zu treffen, sondern auch Resultate zu messen. Und ohne dies geht es nicht, denn anders wird man die anderen Vorstände nicht überzeugen können, wenn es um Investitionen geht. Für mich ist dies immer der rote Faden, zu sagen, ja, lasst es uns messen; ja, lasst uns darüber nachdenken, wie wir noch besser informierte Entscheidungen treffen können, zum Beispiel durch Social-Listening-Tools, oder wie wir bei Bedarf sogar unsere eigenen Metriken erstellen können, die uns helfen, bessere Kampagnen zu produzieren. Was können wir tun, um unsere Entscheidungsfindung zu unterstützen und

Upper Funnel: der Teil des Marketings – oft Werbung –, der darauf abzielt, eine Marke oder ein Produkt bekannt zu machen und neue Zielgruppen anzusprechen

Mid Funnel: der Teil des → Sales Funnels, wo Marketing auf Sales trifft und die Marke von potenziellen Kunden als mögliche Lösung in Betracht gezogen wird

gleichzeitig unsere Investitionen und ihre Wirkung messbar zu machen?"

Für Laura ist die Trennung von Offline- und Online-Marketing oder gar Digital und Social Media überholt, denn alles Marketing ist heute Digital und Social. Deshalb ist es auch sinnvoll, ein modernes Marketingteam anhand des Marketing-Funnels zu organisieren und alles unter eine Führung zu bringen. Sie sieht oft in Digital-First- oder Tech-Unternehmen, dass Performance-Marketing und Brand-Marketing getrennt sind. Es gibt einen CMO, der sich nur auf Performance konzentriert, und inzwischen sogar oft einen Chief Brand Officer. Aber ihrer Meinung nach funktioniert es wirklich nur, wenn ein Team die volle Verantwortung für den gesamten Funnel hat.

„Nur so lassen sich potenzielle Kunden effektiv durch die verschiedenen Stufen des Sales Funnels führen. Für mich ist das wie ein Staffellauf: Man muss den Staffelstab reibungslos übergeben. Als Marketeer merkt man immer, wenn die verschiedenen Funnel-Stufen in den Händen verschiedener Teams liegen, und oft gibt es eine zu große Diskrepanz zwischen dem, was im Upper Funnel passiert, im Fernsehen oder Out-of-Home, im Mid Funnel auf Digital und wie am Ende die Retargeting-Anzeigen im unteren Funnel aussehen."

Mit Blick auf die Rolle von Agenturen im Marketing fordert sie: „Lagern Sie niemals Ihre Strategie aus, denn niemand kennt Sie so gut wie Sie sich selbst." Andererseits ist es auch oft sinnvoll, eine zusätzliche Perspektive hinzuzufügen.

„Denn was man vermeiden will, ist, sich im Kreis zu drehen und nur mit sich selbst zu reden. Genau deshalb denke ich, dass diejenigen, die die Strategie selbst entwickeln, sich an bestimmten Punkten Unterstützung durch Agenturen holen sollten, um neue Perspektiven und Erkenntnisse zu gewinnen. Und wenn die Strategie steht, sollte man zusätzlich Partner suchen, mit denen man sie umsetzen, aber auch langfristig zusammenarbeiten kann."

Vor 20 Jahren war es selbstverständlich, dass eine Beziehung zwischen Kunde und Agentur fünf bis zehn Jahre dauerte, oft sogar noch länger. Irgendwann kippte das ins andere Extrem und jede Kampagne wurde von einer anderen Agentur gemacht.

„Man sollte sehr genau überlegen, wen man als Agenturpartner auswählt, ihm dann aber auch einen Vertrauensvorschuss geben. Sie müssen mich nicht vom ersten Tag an verstehen. Aber wir müssen eine Beziehung aufbauen, damit die Agentur ein zusätzliches Hirn, Auge und Ohr sein kann, sogar genauso denkt und fühlt wie die Verbraucher und neue Ideen einbringt. Die perfekte Agentur würde Sie anrufen und sagen: ‚Wir haben diese tolle Idee, die perfekt zu Ihnen passt, möchten Sie sie umsetzen?' Aber dahin kommt man nicht von heute auf morgen."

Laura ist der Meinung, dass Brand-Marketing heute wichtiger denn je ist. Viele Unternehmen führen mittlerweile sogar die Rolle eines Chief Brand Officer ein. Außerhalb des FMCG-Bereichs wurde der CMO-Titel jahrelang an jemanden vergeben, der nur Performance-Marketing betrieb und nur diesen Teil der Klaviatur bespielen konnte. „Diese Unternehmen haben mittlerweile verstanden, dass sie für das nächste Level einen Chief Brand Officer brauchen, der es versteht, Awareness zu steigern, Consideration aufzubauen und langfristig eine emotionale Bindung zum Verbraucher herzustellen. Ich sage immer: Die Investitionen in die sogenannte Brand Bank werden noch lange Dividenden ausschütten und sich auszahlen, wenn die Performance-Kampagnen längst nicht mehr effizient sind."

Takeaways

① Marketing sollte informierter und anpassungsfähiger sein als je zuvor.

② Durch Daten kann Marketing seinen tatsächlichen Mehrwert beweisen und als Wachstumstreiber gesehen werden, nicht nur als Kostenstelle.

③ CMOs müssen die Verantwortung für den gesamten Marketing-Funnel übernehmen.

④ Lagern Sie niemals Ihre Strategie aus. Niemand kennt Sie so gut, wie Sie sich selbst kennen.

28

Sven Markschläger — Chief Digital Officer, Krombacher

„Wir haben einfach viel von unserem Bauchgefühl für das Marketing verloren und versuchen, all das in Metriken zu pressen.“

Sven Markschläger

Chief Digital Officer, Krombacher

- Aufgewachsen zwischen zwei Brüdern und zwei Schwestern
- Rückblickend war dies das beste Management-training, das er sich vorstellen kann
- War fasziniert von allem mit kleinen Knöpfen und Lämpchen
- Als Saarländer musste er sich andere Hobbys suchen, als Fußballfan zu sein

Sprechen Sie Sven Markschläger nicht auf die aktuelle Lage der Werbung an. Er wird schnell behaupten, dass sie an allen Ecken und Enden kaputt ist.

„Wir haben das Gefühl und die Empathie dafür, wie Kommunikation sein sollte, völlig verloren. Alles dreht sich nur um Conversion und darum, wie wir die Leute maximal stören können, um überhaupt eine Reaktion zu erhalten. Und das war's. Wir ruinieren unsere eigenen Unterhaltungskanäle." Als großer Fan von YouTube und Twitch ärgert er sich zutiefst über irrelevante Werbung, die ihm immer und immer wieder ohne Frequency Cap gezeigt wird.

„Wir haben völlig verlernt, wie man Geschichten erzählt. Heutzutage muss die Katze sofort explodieren, was natürlich von der Performance her ganz gut ist. Wir haben es überhaupt nicht verstanden, *Mad Men* in die Moderne zu übertragen und mit totaler Push-Pull-Werbung zu kombinieren, die aus dem Digitalen kommt. Das haben wir eins zu eins übertragen, ohne einen vernünftigen Mittelweg zu finden. Und ich finde Werbung heute in neun von zehn Fällen wirklich, wirklich schrecklich."

Es ist eine gewagte Meinung für den Chief Digital Officer von Krombacher, einer führenden deutschen Biermarke, die sich in Familienbesitz befindet und viel Geld für Werbung ausgibt. Aber Sven meint jedes Wort ernst. Es wird eine Herausforderung sein, prognostiziert er, eine Form der Werbung zu finden, die die Leute noch akzeptieren und die sie nicht zu werbefreien Abonnementdiensten treibt.

[1] — **Wood, Orlando** (2019). Lemon: How the advertising brain turned sour. Institute of Practitioners in Advertising.

„Wir haben es vermasselt. Wir haben es nicht geschafft, eine vernünftige Form der Kommunikation zu finden. Wenn es ums Storytelling geht, gibt es vielleicht den einen oder anderen Weihnachtsspot, der gut funktioniert. Abgesehen davon sehen wir Hardcore-Performance-Acts, die den Konsumenten so lange verfolgen, bis er sich nicht mehr wehren kann, und jegliches Augenmaß ist verloren gegangen."

Eine große Herausforderung in den nächsten Jahren sieht er deshalb darin, Kanäle zu erhalten, in denen Marketeers Werbung sinnvoll ausspielen können, die die Menschen noch akzeptieren. „Wir müssen verstehen, dass Werbung nicht allen so auf die Nerven gehen kann, dass die Leute sie nicht mehr wollen." Wie kommen wir aus dieser Situation heraus? Svens Rat: gute Werbung machen.

Sein Urteil kommt der Einschätzung von Orlando Wood in dessen 2019 erschienenem Buch *Lemon. How the advertising brain turned sour* nahe. **[1]** Marketing überbetont das analytische Denken, argumentiert Wood, und die kreative Effektivität nimmt ab. Sven glaubt, dass das Marketing den Mut verloren hat, weil alles vorhersehbar sein muss. Für ihn ist das eine größere Herausforderung als die Technologie.

„Wir haben einfach viel von unserem Bauchgefühl für das Marketing verloren und versuchen, all das in Metriken zu pressen." Aber es ist die Verbindung beider Seiten – der kreative Instinkt von *Mad Men* und der Hardcore-Zahlenfresser –, was den Unterschied ausmacht.

Sven glaubt an das, was er den Dreiklang der digitalen Markenführung nennt:

- verstehen, wie die Technologie funktioniert
- Relevanz für die Marke
- ein klarer Nutzen für den Verbraucher, sei er nun rein funktional oder eher emotional

Diese drei Faktoren müssen zusammenpassen. Nach Marken gefragt, die das gut machen, nennt er zuerst Sixt. Ein weiterer beispielhafter Fall war in seinen Augen der Start von Gorillas.

„Das fand ich richtig, richtig gut. Es brachte den Nutzen zum Vorschein und vermittelte erfolgreich das Emotionale und das Rationale.“

Auch Autoherstellern zollt er ein dickes Lob. „Das sind die, auf die man in Deutschland am meisten schauen kann. Sie schaffen es gut, Rationalität mit Emotionalität zu verbinden. Immer mit wahnsinniger Emotionalität und am Ende mit einem Augenzwinkern, immer mit dem Verweis auf deutsche Ingenieurskunst und warum sie so toll ist. Sie leisten auch gute Arbeit in Bezug auf die Inhalte auf YouTube und die Art und Weise, wie sie diese präsentieren. Wenn es also Werbung in Deutschland gibt, die ich für exzellent halte, dann kommt sie aus der Automobilindustrie.“

Für Sven sind Daten heute eine der wichtigsten Prioritäten im Marketing. Für ihn beginnt es mit der Struktur, mit dem,

agil: ein iterativer Ansatz für die Softwareentwicklung, der verwendet wird, um auf Veränderungen zu reagieren; wird auch in anderen Kontexten eingesetzt, zum Beispiel im Marketing

was zu tun ist und *wie* es zu tun ist. Er warnt vor möglichen Lock-in-Effekten von Unternehmenslösungen und fordert, Cases agil aus den verfügbaren Daten zu bauen.

„Mit den Krombacher Freunden haben wir eine Gruppe von Freunden, bei denen wir sehen können, was sie tun und wann sie es tun, mit individueller Kommunikation. Da hat Digital seine absoluten Stärken, weil wir das nicht manuell machen müssen. Mit einer Customer-Intelligence-Lösung kann man ein hohes Maß an Individualisierung erreichen. Es funktioniert einfach, und man muss nur noch schlauer und besser werden."

Heute sollte es für das Marketing selbstverständlich sein, sich mit Adtech auseinanderzusetzen, argumentiert Sven, und er habe keine Lust mehr, mit Mediaagenturen zu reden. Er würde lieber Self-Service betreiben oder eine Demand-Side-Plattform nutzen.

„Ich denke, das wird sich auch in allen Bereichen auswirken. Irgendwann wird man über solche Lösungen Out-of-Home oder TV einkaufen. Sicherlich wird eine große ProSiebenSat.1-Gruppe immer versuchen, ihre Premium-Platzierung selbst zu vermarkten. Aber ich denke, daran führt kein Weg vorbei."

Wenn es um die Organisation des Marketings geht, glaubt Sven nicht mehr an das klassische Agenturmodell. „Das hat nichts zu bedeuten", gibt er zu. „Wir haben auch Kollegen in unserem Haus, die das anders sehen." Für ihn kann eine Agentur nur unterstützen und kreative Impulse

[2] — Fernandes, Thaisa (2017). Learn More About the Spotify Squad Framework — Part I. PM101.

Objectives and Key Results (OKRs): ein Framework für die messbare Zielsetzung und Ausrichtung in Teams und Organisationen

Spotify Squads: funktionsübergreifende, selbst organisierte Teams, die sich auf ein bestimmtes Produkt oder Feature(-Set) konzentrieren

geben, auf die der Kunde nicht selbst kommt, weil er im eigenen Saft schmort.

Aber das alte Modell, der Agentur ein Briefing zu geben, über dem sie drei Monate schwitzt und dann mit vier Vorschlägen zurückkommt, funktioniert nicht mehr.

„Einer dieser Vorschläge ist abseits des Briefings, einer ist völlig dumm, einer ist das, was die verantwortliche Person irgendwie will. Und der vierte ist derjenige, der ein bisschen von allem ist und wahrscheinlich derjenige, der akzeptiert wird. Das wird nicht mehr funktionieren, sondern das Marketing der Zukunft muss ein agiler Prozess sein, eher wie Softwareentwicklung."

So funktioniert das digitale Marketing von Krombacher heute. Sie führen alle Marketingprojekte auf Basis von zweiwöchigen Sprints durch, schätzen Projekte ab, verknüpfen Schätzungen mit Objectives and Key Results (OKRs) und führen Reviews durch. Gleichzeitig sei es wichtig, kreativen Freiraum zum Umsetzen und Erfinden zu geben, betont Sven.

Mit rund 40 Mitarbeitern verfügt Krombacher über eigene Entwicklungsteams und baut die Technologie selbst auf. „Wir sind agil, wenn auch nicht dogmatisch, und das haben wir ins Unternehmen getragen. Aktuell bauen wir unsere Einheiten nach dem Squad-Modell von Spotify um. **[2]** Tatsächlich geht die Macht an die Squads, und die Manager sind eher Mentoren, Trainer und politische Wegbereiter als jemand, der an der Spitze sitzt und den Leuten sagt, wie

Direct-to-Consumer (D2C): der Verkauf direkt an Verbraucher, ohne Groß- oder Einzelhändler

es funktioniert. Und ich würde sagen, dass wir damit sehr gut zurechtkommen."

Sven freut sich, dass Krombacher heute da steht, wo vor fünf Jahren vielleicht ein E-Commerce-Modeshop war. „Wir haben eine Basis geschaffen, die es uns ermöglicht, in alle Richtungen aktiv zu werden. Jetzt müssen wir sie auf- und ausbauen."

Erst kürzlich startete Krombacher mit Ready2Drink einen eigenen E-Commerce-Shop auf Basis von Shopify. Stand Anfang 2022 verkauft der Laden kein Bier, sondern Getränke wie Dr Pepper, Orangina, Ahoj-Brause, DirTea und White Claw. Nachdem sie sich mit Direct-to-Consumer (D2C) beschäftigt haben, besteht die Herausforderung nun darin, zu zeigen, dass es einen Wertbeitrag leisten kann.

Mit bereits über fünf Jahren hat Sven bei Krombacher mehr Zeit verbracht als bei jedem anderen Unternehmen zuvor. Im Saarland in einen Unternehmerhaushalt hineingeboren, kam er schon früh mit der Bierbranche in Kontakt, als er seine Abschlussarbeit als Werkstudent bei der ortsansässigen Brauerei Karlsberg schrieb – nicht zu verwechseln mit dem dänischen Konzern Carlsberg. Nachdem er digitale Medien und Technologie studiert hatte, startete er seine Karriere im Marketing bei Karlsberg. Da die Mittel für TV-Spots fehlten, investierte Karlsberg stark in Below-the-Line-Werbung auf Festivals sowie in digitales Marketing. So entstand einer der ersten Livestreams mit Videos und Interviews von Festivals.

Key Performance Indicator (KPI): ein messbarer Indikator für das angestrebte Ziel

Nach einer Station bei Jägermeister wechselte er als CMO zu StudiVZ, gerade als Facebook stark in den deutschen Markt drängte. So ging es schnell bergab. „StudiVZ ist letztlich an sich selbst gescheitert", blickt Sven zurück, „weil man das Verlagsgeschäft von Herrn von Holtzbrinck digitalisieren wollte. Man hat sich also viel damit beschäftigt, wie die *Bodensee Zeitung* digital aussehen kann und weniger damit, was ein soziales Netzwerk braucht, um zu existieren."

2013 ging er als Country Manager Digital Channels zu IKEA. Damals fristete E-Commerce bei dem schwedischen Einrichtungshaus ein Schattendasein, getreu dem Credo des Gründers Ingvar Kamprad, „The store is the media". So hat sein Team mit einfachen Usability-Tests, Text- und Flow-Anpassungen niedrig hängende Früchte geerntet und den Online-Umsatz relativ schnell verdreifacht. Nach zwei Jahren trieb ihn die zunehmende Tendenz, alles totzudiskutieren, davon. Also wechselte er vom Marketing und E-Commerce zum Vertrieb und wurde Account Executive bei Twitter.

Zum ersten Mal in seinem Leben arbeitete er auf ein numerisches Ziel hin. Im Vergleich dazu sind Marketing-KPIs oft weich, insbesondere wenn man kein rein digitaler Akteur ist. Jetzt hatte er ein festes Quartalsziel. „Wenn ich das Geld nach Hause brachte, konnte mich niemand nerven. Das war eine extrem befreiende Situation."

Irgendwann wurde ihm jedoch klar, dass er eine gewisse Geldgier brauchen würde, um weiterhin ein gutes Gefühl bei

Fast Moving Consumer Goods (FMCG): Produkte des täglichen Bedarfs, auch bekannt als Konsumgüter (Consumer Packaged Goods, CPG)

seiner Arbeit zu haben. Werbung für Twitter zu verkaufen, verändert nicht die Welt.

Das war seine Situation, als er zum ersten Mal nach Krombach fuhr, der Heimat des Krombacher Bieres. Eigentlich wollte er den Job gar nicht. Warum sollte er wieder für irgendein FMCG arbeiten, das sowieso nichts kapiert? Warum hier und da ein bisschen was tun – Dinge, die sie weder wollen noch verstehen?

Doch dann lernte er Bernhard Schadeberg kennen, den Chef und Mitinhaber mit seiner inspirierenden Persönlichkeit. Er war unverblümt und sagte zu Sven: „Ich weiß auch nicht, was Sie hier machen sollen. Und um ehrlich zu sein, ich weiß nicht mal, was Ihr Job ist. Aber ich weiß, dass wir in diesem Bereich etwas tun müssen. Was wir tun müssen, kann ich nicht sagen."

Ein paar Tage später traf er sich mit den Führungskräften von Krombacher, um die Stärken, Schwächen, Chancen und Risiken zu besprechen. Es war eine der krassesten Erfahrungen, die er je gemacht hat. Dieselben Leute, die Digital für Unsinn hielten und auf TV-Werbung pochten, sagten ihm, wie sehr digitale Dienste wie Spotify oder Amazon Prime bereits ihr gesamtes Unterhaltungs- und Konsumverhalten verändert hätten.

„Aber es war überhaupt nicht klar, was Digitalität bedeutet." Für ihn wurde deutlich, dass die digitale Transformation eher eine psychologische als eine technologische oder Marketingaufgabe ist.

„Man muss die Menschen und ihre Denkweise ändern." Die Arbeit ist viel eher empathisch als rein rational. Und so fand er seine Mission.

Takeaways

① Das Marketing hat den Mut verloren, weil heutzutage alles vorhersehbar sein muss.

② Mediaagenturen drohen von Self-Service- und Demand-Side-Plattformen verdrängt zu werden.

③ Das Marketing der Zukunft muss ein agiler Prozess sein.

④ Deshalb funktioniert das alte Agenturmodell nicht mehr.

40

Justina Rokita — Chief Marketing Officer, Moia

„In der Welt, in der wir uns derzeit bewegen, hat ein Marketeer, der nicht extrem flexibel ist, keine Zukunft in diesem Geschäft.“

Justina Rokita

Chief Marketing Officer, Moia

- Geboren und aufgewachsen in Polen, kam mit 14 Jahren nach Deutschland
- Begann nach dem MBA ihre Karriere in der FMCG-Branche
- Wurde mit 38 Jahren CEO eines Modeunternehmens
- Mitgründerin einer Kaffeerösterei

[1] — **Recke, Martin** (2021). The sustainability revolution is taking shape. NEXT Insights.

"Sustainability has been trending for billions of years, or we wouldn't be alive." — Orsola de Castro

In den letzten Jahren ist Nachhaltigkeit zu einem der meistdiskutierten Themen im Marketing geworden. Viele sehen es immer noch als Trend, aber es ist mehr als das. Investoren haben erkannt, dass ein nicht nachhaltiges Unternehmen auf lange Sicht wertlos ist. **[1]** Für Marketingfachleute wirft dies Fragen auf, die weit über Ärgernisse wie Greenwashing oder elaborierte grüne Marketingkampagnen hinausgehen. Nachhaltigkeit geht an den Kern.

Justina Rokita sieht Nachhaltigkeit nicht als Trend. Für sie ist es ein essenzielles Thema und ein echter Gewinn, wenn es zur DNA der Marke passt. Aber auch dann besteht die Herausforderung darin, es authentisch und glaubwürdig zu positionieren und konsequent in die gesamte Wertschöpfungskette zu integrieren.

Justina hat jahrelange Erfahrung in der Arbeit für nachhaltige Marken. Als CEO von Kunert brachte sie die erste nachhaltige Strumpfhose aus recyceltem Garn mit einem komplett nachhaltigen Konzept auf den Markt, vom Herstellungsprozess über das Produkt selbst bis hin zur Verpackung. 2017 wurde Kunert Blue mit dem German Brand Award ausgezeichnet.

Unternehmen, die auf biologisch kompostierbare Mülltüten umsteigen, weniger Papier verbrauchen oder die Obstkörbe der Mitarbeiter bei regionalen Anbietern kaufen, sind nicht konsequent genug in der strategischen Umsetzung von Nachhaltigkeit. „Das reicht nicht aus“, meint sie. „Ich bin in dieser Hinsicht sehr radikal, das muss ich zugeben, aber das liegt daran, dass ich Nachhaltigkeit einfach ganzheitlich sehe.“

Mit diesem Ansatz gründete sie gemeinsam mit ihrem Partner Sayed „Sammy“ Issa die Kaffeerösterei Samyju. Justina bezeichnet sich selbst als extremen Kaffee-Junkie, und schon als Studentin war ihr Kaffee wichtig. „Für manche ist es Wein. Für mich ist es Kaffee.“

Die Idee für Samyju entstand in einem Gespräch mit ihrem Partner auf dem Sofa. Er schlug vor, ein Unternehmen zu gründen, das auf ihrer gemeinsamen Liebe zum Kaffee basiert. Zusammen, sagte er, könnten sie ein „echtes, gutes Produkt“ schaffen. Obwohl keiner von ihnen wusste, wie man Kaffee röstet, war sich Justina sicher: „Ich kann die Markenstrategie schreiben.“

Ihr Lebensgefährte, der aus dem Baugewerbe stammt und viele Jahre als Manager im Ausland tätig war, hatte sich bereits für eine Ausbildung zum Röster entschieden. Mit 45 Jahren absolvierte er eine zweijährige Ausbildung in einer Industrierösterei, wo er das Handwerk erlernte … und viel Luft nach oben sah.

Also kündigte Justina ihren Job als CEO, und gemeinsam gründeten sie das Unternehmen. Sie setzte sich hin, fand den Namen – Samyju für Sammy und Justina – und entwarf einen Businessplan und eine Strategie: schonende

Trommelröstung und überwiegend Direkthandel mit Kaffeebauern, um die Verbraucher mit einem hochwertigen „Kaffee mit gutem Zweck“ zu erfreuen, kombiniert mit Nachhaltigkeit in der gesamten Wertschöpfungskette.

Da der Vertrieb intern gesteuert wird, verkaufen sie nicht über Marktplätze wie Roastmarket. Daher ist ihr Kaffee nicht überall erhältlich. „Die Leute sind frustriert von mir und sagen: ‚Du könntest schneller wachsen‘, aber ich will nicht schneller wachsen. Ich möchte nachhaltig wachsen, hochwertige Qualität sicherstellen und die Bauern fair bezahlen.“ So hat Samyju seinen eigenen Einzelhandel, Online-Shop und eine zentrale Produktion in Meerbusch.

Nachdem sie einen Investor gewonnen hatten, eröffnete im Dezember 2021 in Düsseldorf ihr erster Coffeeshop, der einem vollständig nachhaltigen Konzept folgt. Die Lampen bestehen aus Kaffeesatz mit recycelten Teppichrollen. Die Möbel sind aus Kork gefertigt. Die gesamte Ausstattung besteht aus recycelbarem Metall und Beton, die Speisekarten aus Graspapier, das in München von Hand gefertigt wird. Alles wird in Europa hergestellt, um den CO_2-Fußabdruck bewusst zu verringern.

Während sie ihr Unternehmen aufgebaut haben, hatte Justina weiterhin einen Vollzeitjob, zunächst bei der Modemarke Bree, bevor sie 2019 zu Moia wechselte. Beide Unternehmen haben ihren Sitz in Hamburg. „Als ich angefragt wurde, bei Moia einzusteigen, dachte ich: Moment mal, ich komme aus der Modebranche. Moia ist ein Service, der digital gebucht und physisch erlebt wird, der eine ganz andere Dynamik hat und kein echtes, physisches Produkt ist. Was kann ich eigentlich für sie tun?“

Da die Modebranche ihre Heimat war, zögerte sie zunächst. Letztendlich überzeugte sie jedoch, dass sie mit ihrer Arbeit auch weiterhin das Ziel der Nachhaltigkeit verfolgen konnte. Moia stand noch ganz am Anfang. Ihre Aufgabe war es also, die Marken- und Marketingstrategie zu entwickeln.

Für Moia, einen Ridepooling-Anbieter mit Elektrofahrzeugen, ist Nachhaltigkeit sehr wichtig. Aber vor allem ist es eine Marke, die ein echtes Start-up war, wenn auch innerhalb von Volkswagen, einem Weltkonzern. Bis dahin hatte Justina entweder für große Konzerne oder traditionelle, inhabergeführte Unternehmen gearbeitet. „Es war sehr reizvoll, ein solches Start-up zu begleiten und Teil der mobilen Zukunft zu sein. Diese Erfahrung wollte ich unbedingt machen.“

Die vielleicht größte Herausforderung bestand darin, Relevanz für die Marke und den Service beim Kunden zu schaffen. Moia hat in kurzer Zeit hohe Bekanntheits- und Empathiewerte erlangt. Aber ihr Ziel ist, dass wenn der Kunde das Haus verlässt und ein Mobilitätsbedürfnis hat, Moia mindestens die Nummer zwei im Relevant Set ist.

Kundenzentrierung ist ein weiteres Thema, auf das sich Moia viel stärker konzentrieren muss, räumt Justina ein und

Justina Rokita — Chief Marketing Officer, Moia

„Marketing spielt eine wesentliche Rolle in der Produktentwicklung. Was ich in der Tech-Branche aber erlebe, ist das Phänomen, dass beides strikt getrennt ist.“

[2] — **Drucker, Peter F.** (1954). The Practice of Management. Harper.

Fast Moving Consumer Goods (FMCG): Produkte des täglichen Bedarfs, auch bekannt als Konsumgüter (Consumer Packaged Goods, CPG)

zitiert Peter Drucker: „The purpose of business is to create a customer.“ **[2]** Dazu muss Moia die persönlichen Profile seiner Kunden besser verstehen, viel detaillierter analysieren, aber vor allem definieren und ihnen dann die richtigen individualisierten Inhalte anbieten.

„Das bleibt angesichts der vielen Datensilos eine große Herausforderung für uns Marketeers, an der wir sehr hart arbeiten.“ Sie sieht Bedarf an stärkerer strategischer Arbeit, aber auch an einem Sparringspartner für die Produktentwicklung bereits in der Entwicklungsphase. Da sie noch nie zuvor für ein Technologieunternehmen gearbeitet hat, wundert sie sich über einen gewissen produktzentrierten Ansatz. „Zu denken, dass die Einführung eines heißen neuen Produkts automatisch bedeutet, dass man direkt Begehrlichkeit und hohe Nutzung generiert und viele Kunden hat – das ist mir zu kurz gedacht.“

Justina hatte keine Karriere in der Modebranche geplant. Nach ihrem Studium arbeitete sie für die Kosmetikmarke Wella, die dann von Procter & Gamble übernommen wurde. So verlor sie ihren Job, aber die FMCG-Branche gefiel ihr. Irgendwann versuchte sie sich in der Modebranche, und dann fiel für sie der Groschen bei Nur Die, damals Teil eines anderen großen Unternehmens. „Dort begann mein Weg in der Textilbranche. Da habe ich Blut geleckt.“

Sie schwärmt von der Dynamik, dem ständigen Strom von Trends, Produktentwicklungen und Innovationen. „Die Textilbranche ist einfach sexy.“ Ihre Leidenschaft begann irgendwo im breiten Spektrum zwischen Produkt-

Performance-Marketing: eine Marketingstrategie, die auf messbare Ergebnisse (→ Conversion Rate, → Key Performance Indicator) ausgerichtet ist und Daten zur Entscheidungsfindung nutzt

entwicklung, Brand, Marketing, Kommunikation und Design. „Ich durfte sehr ganzheitlich arbeiten und das hat unglaublich viel Spaß gemacht."

Wenn man aus dieser Schule kommt, kann die Technologiebranche ein bisschen eigenartig aussehen. „Ich kenne das aus der Modebranche nicht, dass man Produkt und Marketing trennt. Marketing spielt eine wesentliche Rolle in der Produktentwicklung. Der Marketeer ist in der Regel sowohl für das Produkt als auch für das Marketing verantwortlich. Was ich in der Tech-Branche aber erlebe, ist das Phänomen, dass beides strikt getrennt ist."

Die digitale Transformation geht jedoch weiter, und noch nie so schnell wie während der Pandemie. Unternehmen, die vorher noch nie digital waren, verfolgen plötzlich einen Digital-first-Ansatz. Wenn es um die digitale Transformation geht, besteht Justina auf dem richtigen datengetriebenen Ansatz. Sie hat 2021 ein funktionsübergreifendes Performance-Marketing-Team aufgebaut. „Das hat mich auch viel gelehrt."

Dennoch sieht sie viel zu viele Marketeers, die sich auf die Kreativität einer Agentur verlassen. „Ich sage immer, lasst es uns von innen heraus erarbeiten, denn niemand kennt und atmet die Marke so wie wir. Nutzen wir die Agentur als Sparringspartner und für die Umsetzung. Aber als CMO verlasse ich mich nie voll und ganz darauf, dass die Agentur alles richtig macht." Zweimal im Jahr veranstaltet sie mit ihrem Team einen Workshop, der sich als wildes Brainstorming entfaltet. Jede Idee zählt. Sie sieht die

Herausforderung darin, zunächst Kreativität im Unternehmen aufzubauen und diese dann mit starker Innovationskraft, Know-how und einem Verständnis für Trends, insbesondere im Bereich Tech und Data, zu kombinieren, um am Ball zu bleiben. „So entsteht eine spannende Mischung aus Transformation, Kreativität, Fachwissen und kontinuierlichen Updates.“

Im Jahr 2015 wurde Justina im Alter von 38 Jahren CEO von Kunert, einem Modeunternehmen mit über hundertjähriger Tradition. Nach einer Planinsolvenz 2013 übernahm ein österreichischer Investor mit dem Ziel, das Unternehmen komplett neu zu starten. Das größte Hindernis, mit dem Justina konfrontiert war, war nicht ihr Alter, sondern Menschen aus ihrer Komfortzone in die Transformation zu bewegen. „Da war so viel Emotionalität in der Marke, viel Tradition, Innovation, aber das musste aufgefrischt werden.“

Der Moment der Wahrheit kam, als sie in das Werk in Tétouan, Marokko, mit 500 Mitarbeitern flog. „Unser Rohdiamant“, wie sie es nennt. Justina lernte Arabisch, weil sie aus ihrer Erfahrung als Polin wusste, wie schwierig es ist, Menschen zu berühren, wenn man ihre Sprache nicht spricht. „Als ich nach Deutschland kam und kein Wort Deutsch sprach, konnte es in der Schule ziemlich unangenehm werden.“

14 Tage lang setzte sie sich mit ihrem Lehrer zusammen, ihrem Lebenspartner und Mitbegründer von Samyju, halb Ägypter, halb Brasilianer, um zehn Sätze zu lernen, mit

denen sie Menschen zuerst emotional berühren konnte. „Und dann muss man sich Tétouan vorstellen, vor 500 Leuten. Die Männer geben dir nicht die Hand, sie begrüßen dich nur mit einer Hand auf dem Herzen. Die Frauen schauen zu dir auf und denken: ‚Was macht eine Frau hier?' Und dann habe ich meine Rede auf Arabisch eröffnet."

Sofort brach die Menge in Jubel aus. Der Investor aus Österreich sah sie beeindruckt und ungläubig zugleich an. Etwas war passiert, als Justina diese Gelegenheit nutzte, um die Stimmung zu heben. „Danach konnte ich alles, was ich wollte, in die Produktentwicklung einbringen. Sie waren an Bord."

Aus ihrer Sicht brauchen Marketeers Hirn, Herz und Bauchgefühl sowie eine gehörige Portion echter Umsetzungsfähigkeiten. Hirn für scharfe Analysen, Herz für die nötige Emotionalität und ein Bauchgefühl für das, was für die Marke richtig ist.

„Wenn man das mit PS kombiniert, und damit meine ich Umsetzung, dann ist das für mich der Marketeer der Zukunft." Sie erwartet auch Mut und Risikobereitschaft, die Komfortzone zu verlassen – etwas, das sie oft vermisst.

„Risiko bedeutet auch, etwas zu erleben, die Lernkurve zu erklimmen. In der Welt, in der wir uns derzeit bewegen, hat ein Marketeer, der nicht extrem flexibel ist, keine Zukunft in diesem Geschäft." Anders ausgedrückt: Zukünftige Marketeers müssen ganzheitliche strategisch-kreative Denker mit einer guten Portion Innovationsgeist sein.

Takeaways

① Nachhaltigkeit ist kein Trend, sondern ein Schlüsselthema.

② Kreativität kann nicht nur an eine Agentur ausgelagert werden.

③ Trennen Sie Marketing und Produktentwicklung nicht.

④ Marketeers brauchen Hirn, Herz und Bauchgefühl mit echtem Umsetzungsgeschick.

52

Jenny Fleischer — CEO, babymarkt.de

„Das Thema Innovation muss übersetzt werden: einfach neu denken, ausgehend von der Mission und den höheren unternehmerischen Ambitionen – einmal das Haus abbrennen, neu planen und aufbauen.“

Jenny Fleischer

CEO, babymarkt.de

— Geprägt von ihrer willensstarken Mutter mit Drang zur Freiheit
— Hat schon immer viel Sport getrieben
— Wurde einst Norddeutsche Meisterin im Trampolinspringen und Kunstspringen, in einem Wettbewerb, in dem sie alleine gegen sich selbst antrat
— Fing im Alter von 14 Jahren an zu arbeiten

[1] — **Schrader, Matthias** (2017). Transformationale Produkte: Der Code von digitalen Produkten, die unseren Alltag erobern und die Wirtschaft revolutionieren. Next Factory Ottensen.

Wahrscheinlich stimmt es, dass das Marketing heute nicht nur kompliziert, sondern auch komplex ist. Die Gründe dafür sind selbst vielfältig und komplex, wie zum Beispiel die Explosion der Kanäle. Aber ein Grund sticht hervor und der ist systemisch: Das Produkt wird durch die Konnektivität immer mehr zur Kommunikationsschnittstelle und verlagert sich in Bereiche wie Daten und Technologie. Während das Marketing traditionell in der Nähe der Kommunikationsabteilung angesiedelt war, muss es sich jetzt verstärkt um das Produkt sowie um Daten und Technologie kümmern.

Durch die stärkere Verknüpfung von Produkt, Kommunikation und Technologie entstehen viel mehr Schnittstellen im Unternehmen, die es zu managen gilt. Beispielsweise wirkt sich die Echtzeitkomponente der Kommunikation auf die Produktentwicklung aus. Bei Software kennen wir das schon lange: Es gibt nicht einen Launch, sondern mehrere Launches und Relaunches, die neue Features einführen. Diese Praxis gilt zunehmend auch für Produkte.

Freilich hat sich das Konsumgütermarketing schon immer um das Produkt gekümmert. Früher war das Produkt eine eigenständige Einheit, aber jetzt wird es selbst zu einem Marketingkanal. **[1]** Und das geschieht durch digitale (Netzwerk-)Technologie, bei der Daten Fluch und Segen zugleich sind.

Jenny Fleischer beschreibt diese Herausforderung so: „Wir sprechen von Echtzeit, Personalisierung, fragmentierten

Customer Journey: die gesamte Geschichte der Interaktion zwischen Kunden und Unternehmen

Vertriebskanälen und Kommunikationskanälen. Das alles zu managen, sich richtig zu fokussieren und die richtigen Transformationsschritte zu wählen, dort auf dem Laufenden zu bleiben und die Daten sauber zu strukturieren, sehe ich als eine der größeren Herausforderungen."

Damit entwickelt sich die CMO-Rolle zu einer Schlüsselposition für die digitale Transformation. „Mit der Digitalisierung wird oft das bestehende Angebot digitalisiert. Aber darum geht es nicht", sagt sie. „Es geht darum, Trends zu nutzen, die auch einzelne Branchen nachhaltig verändern. Wenn man sich das Thema Klimawandel anschaut, sieht man, dass Lebensmittelbranche, Automotive und Energiewirtschaft erst einmal komplett umdenken müssen, Geschäftsmodelle neu erfinden, ihre Wandlungsfähigkeit und ihre Fähigkeiten einschätzen und sich fragen: ‚In welchen Schritten komme ich dahin?'"

Die Automobilindustrie beispielsweise hat historische Händlerstrukturen und Automobile, die auf veralteten Technologien beruhen. Um eine gute Customer Experience zu erreichen, muss Mobilität basierend auf Kundenbedürfnissen, innovativen Technologien und Partnerschaften neu gedacht werden. Zwischen Zielbild und Realität müssen dann Brücken gebaut und Produkte, Services, Kommunikation und Vertriebskanäle transformiert werden. Beispielsweise haben Autohersteller oft keinen direkten Zugang zum Endverbraucher und Händler kein Interesse, diesen abzugeben, sodass Kundendaten nur begrenzt genutzt werden können, um Kommunikation über die ganze Customer Journey zu personalisieren. „Das heißt, ich muss mir überlegen, in welchen Etappen ich zu meinem Zielbild komme. Deshalb ist die Fähigkeit zur Transformation, zur Mitgestaltung dieses Wandels, ein ganz großes Thema.“

Um damit fertig zu werden, braucht der CMO Mut, Neugier und Gestaltungswillen. Marketing muss strategisch werden, beginnend mit den richtigen Insights und der Frage, wie sie zu gewinnen sind. Nur auf der Grundlage dieser Erkenntnisse können Marketeers entscheiden, wie sie die Marke weiterentwickeln, welche Produkte und Services sie auf den Markt bringen oder wie sie Kategorien weiterentwickeln sollten. „Wie verändern sich die Märkte?“, fragt Jenny. „Wie kommt das alles bei meinen Kunden an? Wie kann ich mit ihnen kommunizieren?“

Ob es sich um Echtzeitmetriken oder ethnografische Forschung handelt, Daten müssen in Erkenntnisse übersetzt werden, die für das Unternehmen relevant sind. Mit Service-Design kann die Gewinnung von Erkenntnissen mit der direkten Umsetzung in ein neues Geschäftsmodell kombiniert werden.

„Das finde ich ziemlich spannend. Das Thema Innovation muss übersetzt werden: einfach neu denken, ausgehend von der Mission und den höheren unternehmerischen Ambitionen – einmal das Haus abbrennen, neu planen und aufbauen. Und Lösungen für die nächsten Jahrzehnte mitdenken.“

So wird Marketing strategisch.

vier Ps: die Schlüsselfaktoren des Marketings im klassischen Marketingmix: Product, Price, Place und Promotion

Performance-Marketing: eine Marketingstrategie, die auf messbare Ergebnisse (→ Conversion Rate, → Key Performance Indicator) ausgerichtet ist und Daten zur Entscheidungsfindung nutzt

agil: ein iterativer Ansatz für die Softwareentwicklung, der verwendet wird, um auf Veränderungen zu reagieren; wird auch in anderen Kontexten eingesetzt, zum Beispiel im Marketing

Jenny ist der Meinung, dass dem operativen Marketing und der Werbung heutzutage zu viel Aufmerksamkeit geschenkt wird. Promotion ist nur eines der vier Ps im Marketingmix. Wenn der Fokus des CMO zu eng ist – wenn er nicht auf der gesamten Klaviatur spielt –, ist der Beitrag zum Geschäftsergebnis begrenzt. Relevanter Mehrwert sorgt wiederum für eine gute Positionierung des CMO in der C-Suite.

Eng verbunden mit Strategie und Innovation ist die Orchestrierung des Fortschritts in Richtung Kundenorientierung. Laut Jenny sollte das Kundenerlebnis als Ziel im Vordergrund stehen: „Ich muss schauen, wie ich die Prozesse gestalte, wie ich das Thema über einzelne organisatorische Silos hinaus bündele und mit allen beteiligten Abteilungen ganzheitlich vorantreibe, wie ich die richtigen Prioritäten und Schwerpunkte setze. Das ist so wichtig, weil man zwar viel tun kann, aber vor allem das Richtige tun sollte." Und da wird es schnell wieder recht kleingliedrig.

Das Aufbrechen von Silos innerhalb von Unternehmen ist seit Jahren ein heißes Thema. Aber für CMOs geht es auch darum, die Silos innerhalb ihrer eigenen Abteilung aufzubrechen. Beispielsweise sollte die Branding-Sparte nicht unabhängig vom Performance-Marketing denken. Markenmanagement, Kategorie- und Produktmanagement, Marktforschung, Insights, Kommunikation und Tech sollten so aufgestellt sein, dass CMOs das Zusammenspiel kundenorientiert orchestrieren können. Idealerweise sollte dies eine agile Netzwerkorganisation mit flachen

Hierarchien sein, damit CMOs auf Basis der strategischen Initiativen schnell und agil handeln können, um die Themen zu verbinden und ein Produkt in der Kommunikation zur Experience zu machen.

Aus Jennys Sicht braucht das Marketing heute Kenntnisse in den Bereichen Daten, Technik und E-Commerce. Wenn es um Storytelling und kreative Fähigkeiten geht, steht zur Debatte, was intern oder extern gemacht werden soll. „Es ist sehr wichtig, dass das strategische Wissen im Haus vorhanden ist, und wenn ich mit einer Agentur arbeite, geschieht dies immer partnerschaftlich mit großer Transparenz, guter Zusammenarbeit und gemeinsamen Zielen, um das bestmögliche Ergebnis zu realisieren."

Auch das transformative Denken, das manche als Experience-Innovation bezeichnen, ist für sie von unschätzbarem Wert. Dabei hängt die Antwort auf die Frage Outsourcing versus Inhousing vom Reifegrad, von der Komplexität und der Art des Geschäfts ab. Ist es B2C, B2B oder eine Mischung aus beidem?

Sie zeigt sich erstaunt, dass in vielen Unternehmen, sowohl in kleinen Start-ups als auch in großen Unternehmen, Produkt und Kommunikation stark getrennt sind. „Ich komme aus einer Schule, wo der Marketeer der CEO der Marke ist und ganzheitlich arbeitet. Dazu gehören eine vollständige Marktanalyse mit Trends und Insights, die Bestimmung des zu adressierenden Marktpotenzials, die Ausarbeitung eines Produkt- oder Serviceangebots, die Aktivierung sowie die Verantwortung für die gesamte P&L."

Fast Moving Consumer Goods (FMCG): Produkte des täglichen Bedarfs, auch bekannt als Konsumgüter (Consumer Packaged Goods, CPG)

Das ist die Schule des FMCG-Marketings, die Jenny in den 1990er- und 2000er-Jahren bei Beiersdorf und Tchibo erlebte.

Bei Tchibo war sie für eine strategische Initiative verantwortlich: „Wie bringt man junge Leute wieder zum Kaffee? Damals war der Kaffeeklatsch bei den älteren Damen zu Hause noch angesagt. Aber die Jüngeren tranken immer weniger Kaffee. Starbucks gab es bereits in den USA. Aber es schien klar, dass es in Europa, wo die Kaffeequalität viel höher ist, kein Potenzial dafür gab."

Das Potenzial lag in dem Konzept des „Third Place", des dritten Ortes neben Arbeit und Zuhause, an dem Starbucks das Verweilen zum besonderen Erlebnis machte. Jenny war eine von drei Trainees, die die Möglichkeit bekamen, dieses Potenzial in einem Konzept-Coffeeshop für Tchibo zu erkunden. Sie führten den Laden ein Jahr lang, kümmerten sich um alles vom Ladendesign über die Bestellung von Pappbechern (die es damals in Deutschland noch nicht gab), die Kundenakquise und das Abliefern der Tageskasse bei der Bank bis hin zu der Optimierung der Kundenfrequenz, der Produktentwicklung und dem Businessplan. „Wir haben also ein komplettes Start-up innerhalb der Firma gemanagt, was sehr spannend war."

Diese Erfahrung brachte Jenny, die Betriebswirtschaft, Finanz- und Rechnungswesen studiert hatte, ins Marketing. Digital war da noch nichts, aber die ersten Anzeichen waren zu sehen. Während ihrer Zeit im Coffeeshop blähte sich die Dotcom-Blase auf und lenkte ihre Aufmerksamkeit auf das, was man heute digitales Marketing nennt. So ergriff sie ein Jahr später die Chance, bei Beiersdorf einzusteigen, einem Hamburger Konsumgüterunternehmen, das für seine Marke Nivea bekannt ist.

„Ich wollte unbedingt in den digitalen Bereich. Es zeichnete sich ab, dass digitale Technologien vieles verändern und spannende neue Möglichkeiten eröffnen würden. Dieses unbekannte Terrain unternehmerisch zu erschließen, sprach mich an. Und weil ich bereits unternehmerisch und konzeptionell ein Start-up führen durfte, lag Marketing einfach näher an der Gestaltung der Zukunft des Geschäfts."

Die Brücke zum Digitalen und zum Marketing war geschlagen. So kam sie zu Beiersdorf mit der damals unkonventionellen Bitte des Marketingleiters, das „Internet in den Griff zu kriegen". „Das war sensationell", sagt sie lachend. „Ich wurde ganz nett gefragt, ob das ein guter Job wäre, der nicht zu langweilig wäre, und ob ich ihn nach meiner sehr unternehmerischen Tätigkeit bei Tchibo übernehmen könnte. Und das war großartig. Zumal ich mit einer Freundin im Team für diese Vision antreten durfte."

Sie blieb 17 Jahre bei Beiersdorf. Und hat in dieser Zeit viel gelernt. Sie hat zum Beispiel festgestellt, dass man in neuen Aufgabengebieten nicht mit einer Stellenbeschreibung beginnen sollte, sondern mit einer Vision – in diesem Fall, „das Internet in den Griff zu kriegen".

„Mit dieser Vision bin ich sicherlich viel ganzheitlicher und unternehmerischer an das Thema herangegangen, als ich es getan hätte, wenn das noch unbekannte Thema bereits ausführlich beschrieben worden wäre."

Damals begann sie, Produkt- und Kundendatenbanken zu strukturieren und die Prozesse der Kundenakquise, des Kundendialogs und der ersten E-Commerce-Integration schrittweise neu aufzusetzen. Sie gestaltete Kooperationen, einschließlich der Kundenakquise über Beauty-Bereiche in Portalen wie MSN, AOL und Yahoo, die damals eine große Reichweite hatten. Die Marke machte sie über Beratung und Inhalte erlebbar. „Damals wurde das noch nicht als Marketing wahrgenommen."

Jenny arbeitete intensiv an Nivea, einer Marke, die Verbraucher auf Augenhöhe anspricht, sich klar an Verbraucherbedürfnissen orientiert und eine beeindruckende Markengeschichte hat. Eine Aufgabe war es, die Designsprache von Nivea neu zu strukturieren und eine Designmanagement-Abteilung aufzubauen.

„Das war schon eine besondere Aufgabe, eine 100 Jahre alte Marke im Zeitgeist zu adaptieren, ohne die Vergangenheit aus den Augen zu verlieren. Gutes Design sorgt für Klarheit, Orientierung und steigert den Markenwert, sodass man Entwicklung und Umsetzung sehr behutsam vornehmen und kulturelle Unterschiede beachten sollte."

Das war eine große Lektion in Sachen Markenführung und hilft ihr noch heute dabei, wenn sie Performance-Marketing und Markenführung zusammenbringt. „Es sind eigentlich nur zwei Seiten derselben Medaille."

Direct-to-Consumer (D2C): der Verkauf direkt an Verbraucher, ohne Groß- oder Einzelhändler

Als Jenny Beiersdorf verließ, um zu Bayer Consumer Health zu wechseln, war sie von den hohen ethischen und intellektuellen Standards der Gesundheitsbranche beeindruckt. Die gesamte Branche befindet sich in einem großen Umbruch, mit sehr fragmentierten Strukturen, die nun durch den direkten Patientenkontakt abgelöst werden, angefangen bei „Dr. Google" bis hin zu einer Reihe von Geräten, bei denen Anbieter direkten Kontakt zum Verbraucher haben.

„Dieser Wandel", so sieht sie es, „bietet viele neue Möglichkeiten in der Markenführung sowie neue digitale Geschäftsmodelle. Es gibt ganz neue Gelegenheiten, mit dem Verbraucher, mit dem Patienten, in Kontakt zu treten und dort viel mehr zu bewegen, als wenn man nur als Hersteller in einer Kette agiert."

So gesehen war ihre CMO-Rolle bei Ottobock eine Fortsetzung ihrer Leidenschaft. In diesem Fall in einer etwas komplexeren Variante, denn die Produkte des Unternehmens – Prothesen – können auch eine direkte Kommunikationsschnittstelle zum Kunden sein. „Das hat weitere Auswirkungen, zum Beispiel auf das Geschäftsmodell, hebt aber auch die Nähe zum Endverbraucher auf eine andere Ebene."

Die Branche ist sehr stark im B2B-Bereich verankert, wandelt sich nun aber immer mehr in Richtung Direct-to-Consumer (D2C). „Ich fand es sehr spannend, diesen direkten Patientenkontakt mitzugestalten, ihn auszubauen und zu schauen, wie wir helfen können. Es ist auch eine große

Customer Lifetime Value: der Gesamtumsatz, den Unternehmen vernünftigerweise von einem Kunden über die gesamte Zeit der Kundenbeziehung hinweg erwarten können

Vision und Mission von Ottobock, Mobilität zu erhalten und wiederherzustellen, was sehr zukunftsorientiert ist und viele Möglichkeiten bietet."

Das große Thema für das Marketing von Ottobock war das Kundenerlebnis und die Verbesserung der Lebensqualität für Menschen, die eine Prothese oder Orthese tragen. Dazu gehören ein starker Fokus auf Digitalisierung und das Ziehen der richtigen Schlüsse aus Daten, aber auch aus direktem Feedback oder ethnografischer Recherche, was nicht immer in Echtzeit funktioniert.

Wo ist das Geschäftsmodell im Bereich Customer Experience? Viele Branchen, ob FMCG, Healthcare oder Handel, bewegen sich von einer klassischen Produktkalkulation hin zu einer Customer-Lifetime-Value-Kalkulation. Auf dem Weg dorthin ist natürlich die Kundenbindung ein wichtiges Element, ebenso wie die Kundenakquise und die gesamte Customer Journey.

„Wir fangen zunehmend an, die gesamte Strecke zu berechnen, und schauen uns an, was wir für die Kundenakquise und die Kundenbindung ausgeben können und wie wir gemäß unserer Mission den größten Mehrwert und eine Win-win-Situation schaffen."

Aus Jennys Sicht ergibt es keinen Sinn mehr, Produkte unabhängig von der Experience auf den Markt zu bringen. „Das Erlebnis muss orchestriert werden, daher muss man als Marketeer heute auch Marketing Operations gut beherrschen und bereichsübergreifend mit Vertrieb, IT und Business

Intelligence zusammenarbeiten. In diesen Bereichen müssen neue Fähigkeiten aufgebaut werden."

Anfang 2022 verließ Jenny Ottobock, um CEO von babymarkt zu werden, einem europaweit führenden Online-Händler für Baby- und Kinderprodukte. Heute gehört das Unternehmen vollständig zu Tengelmann und entwickelt sich gerade vom Shop zum Marktplatz.

Takeaways

① Produkt, Kommunikation und IT sind heute eng miteinander verbunden.

② Damit entwickelt sich die CMO-Rolle zu einer Schlüsselposition für die digitale Transformation.

③ Marketing muss strategisch werden, beginnend mit den richtigen Erkenntnissen.

④ Es hat keinen Sinn, Produkte unabhängig von der Experience auf den Markt zu bringen.

66

Volker Weinlein — Mitgründer von kiukiu, ehemals CMO bei Katjes International

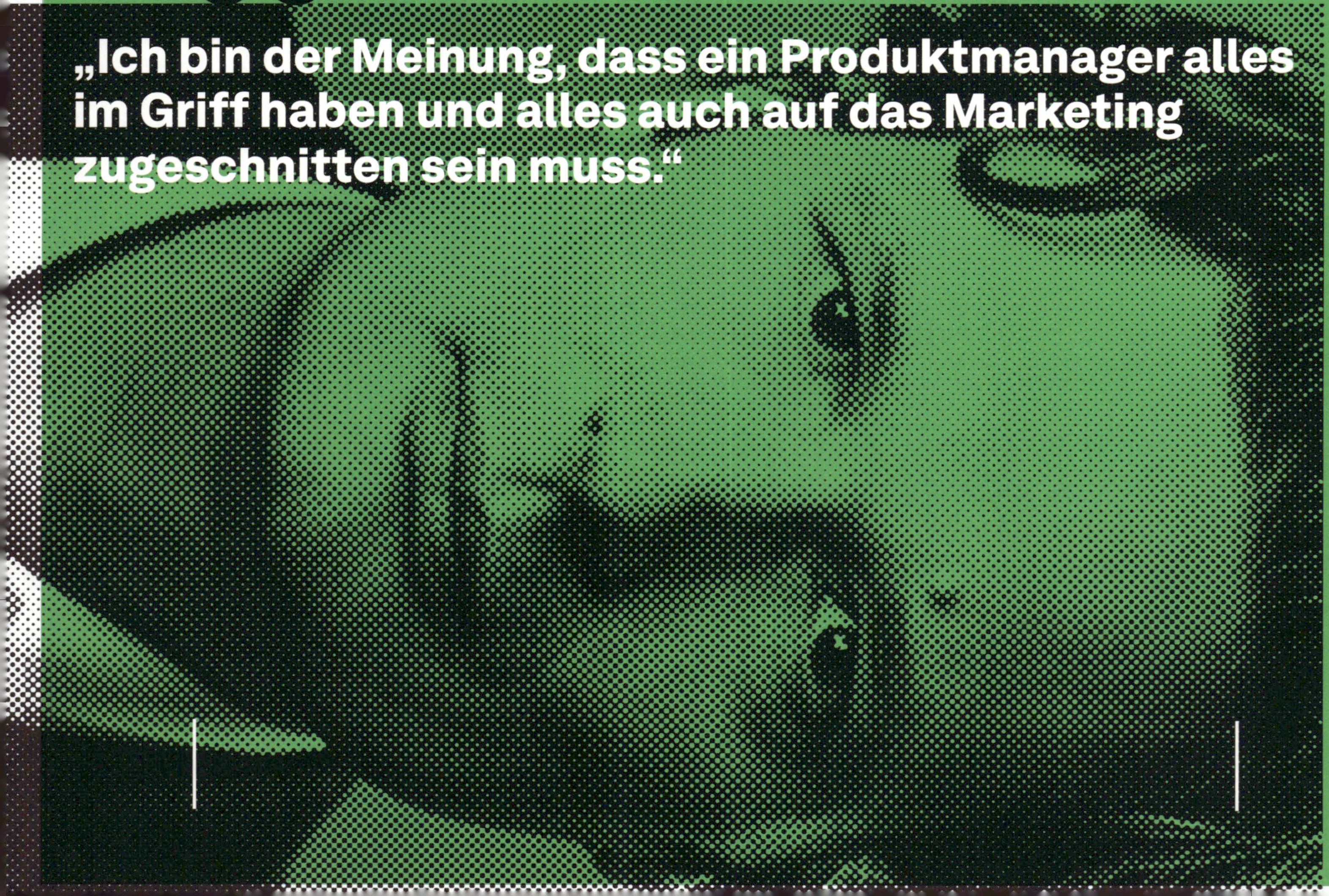

„Ich bin der Meinung, dass ein Produktmanager alles im Griff haben und alles auch auf das Marketing zugeschnitten sein muss.“

Volker Weinlein

**Mitgründer von kiukiu,
ehemals CMO bei Katjes International**

— Studierte Marketing und BWL, weil er darin die wichtigsten und interessantesten Funktionen im Unternehmen sah
— Urgestein des FMCG-Marketings, zwischendurch 15 Jahre in der Medienbranche tätig
— Hat viele bekannte Food-Marken gestartet, z.B. Giotto, Treets, Ahoj Brause
— Hatte die seltene Chance, mit *Welt Kompakt* eine völlig neue Zeitung einzuführen
— Ein großer Anhänger der Food-Revolution

Performance-Marketing: eine Marketingstrategie, die auf messbare Ergebnisse (→ Conversion Rate, → Key Performance Indicator) ausgerichtet ist und Daten zur Entscheidungsfindung nutzt

Performance-Marketing ist seit Jahren in aller Munde. Für viele Marketeers war es gerade deshalb eine süße Versuchung, weil alles, was sie online tun können, messbar ist. Sie wissen sofort, dass sie einen Dollar ausgeben und dafür so und so viel zurückbekommen. Doch das ist in den Augen von Volker Weinlein ein Trugschluss. Und auch nichts Neues.

„Dieses sogenannte Performance-Marketing ist nur alter Wein in neuen Schläuchen. Warum ist das so? Weil es das schon immer gegeben hat. Früher hieß das nur Direktmarketing."

Das Problem dabei ist, dass es weder eine nachhaltige Steigerung des Niveaus noch eine neue Basis generiert, was das Marketing durch klassische Markenwerbung erreicht. Es handelt sich also um eine reine Verkaufsförderung. Es ist gekaufter Umsatz. Push, nicht Pull.

„Man schafft damit ein Gefangenendilemma. Das heißt, der Kunde will es nicht. Er tut es nur, weil er einen Bonus bekommt. Und diesen Fehler haben viele Marketeers in den letzten zwei Jahrzehnten durch Online-Performance-Marketing begangen, weil sie nur Push-Marketing betrieben haben. So haben sie Umsatz gekauft, der eigentlich nicht da ist."

Dagegen schaffen gute Kampagnen immer einen höheren Umsatz als neue Basis. Auch wenn die Werbung eingestellt wird, bleibt der Umsatz höher als zuvor. Das bedeutet freilich nicht, dass Marketeers kein Performance-

Fast Moving Consumer Goods (FMCG): Produkte des täglichen Bedarfs, auch bekannt als Konsumgüter (Consumer Packaged Goods, CPG)

vier Ps: die Schlüsselfaktoren des Marketings im klassischen Marketingmix: Product, Price, Place und Promotion

Marketing betreiben könnten. Jedes FMCG macht Preiswerbung, besonders wenn es vom Handel verlangt wird. Es erzeugt einen Sampling-Effekt und kann helfen, neue Kundengruppen anzusprechen.

„Ich sehe das eher als Verkaufsförderung, und Verkaufsförderung war schon immer wichtig. Aber das sind Verkaufsbudgets und Handelsmarketing. So muss man sie auch sehen. Wer sich aber nur darauf konzentriert, betreibt nur Verkaufsförderung und keinen Markenaufbau. Sie werden langfristig keine starken Marken aufbauen. Und das ist genau, was wir sehen: Viele Markenunternehmen haben verloren. Freilich verlieren sie kurzfristig nicht, aber wenn sie mittelfristig Geld aus der Markenentwicklung abziehen, werden sie schwächer und anfälliger für Eigenmarken und neue Wettbewerber. Und dann werden sie aus dem Markt gedrängt."

Volker besteht darauf, dass der Marketeer wieder die vier Ps des klassischen Marketingmix (Place, Price, Product, Promotion) beherrschen sollte. Konzerne führen immer gerne Prozesse ein, erklärt er, und teilen sie tayloristisch auf. Wenn unterschiedliche Abteilungen für einzelne Markenaspekte zuständig werden, geht das große Ganze verloren.

„Der Markenmanager der Zukunft muss mit dem Produkt vertraut sein. Man kann nicht einen Produktmanager und einen Markenmanager getrennt einstellen. Das funktioniert nicht. Die Markenverantwortlichen oder die CMOs müssen auch für das Produkt verantwortlich sein, weil sie wissen müssen, wie man ein Produkt macht, das zukünftig wichtig ist."

Marken versteht er als Premium-Produkte mit einem Premium-Preis, die sich abheben und eine Sogwirkung haben. Dagegen stehen austauschbare Commodity-Produkte in einem reinen Preiswettbewerb, den niemand gewinnen kann, weil es immer jemanden geben wird, der billiger ist. Für ihn bedeutet das, dass Marketeers wieder an den Punkt kommen müssen, an dem sie für das gesamte Produkt von A bis Z verantwortlich sind.

„Dann kann man wieder die richtigen strategischen Entscheidungen treffen, die richtige Positionierung und die daraus abgeleitete Taktik. Heutzutage merke ich, dass in vielen markenführenden Abteilungen taktische Maßnahmen das Wichtigste sind und niemand darüber nachdenkt, was er wirklich erreichen will. Was ist unser Ziel? Wie ist die Positionierung? Was ist die Strategie? Wie differenzieren wir uns?"

Als oberste Priorität sieht er für Marketeers die Fokussierung auf das beste Produkt, ein Produkt, das nachhaltig ist und eine einzigartige Positionierung hat. Sein zweiter Punkt neben dem Fokus ist die konsequente Umsetzung der Strategie, die Differenzierung und das Top-Produkt.

Volkers erster Job im Marketing hat ihn sichtlich geprägt. Er startete 1994 als Trainee bei Ferrero auf Schoko-Bons und wurde ins kalte Wasser geworfen. Da Schoko-Bons unter dem Druck von Nachahmern stand, musste er sich eine neue

differenzierende Positionierungsstrategie einfallen lassen, die er in einer einzigartigen Verpackung fand, die sich die Konkurrenz nicht leisten konnte zu kopieren.
Ferrero hatte hervorragende Produkte auf dem Markt und hatte zumindest damals noch eine klare Markenstrategie. So lernte er die vier Ps und alles, was das Marketing braucht, von Grund auf.

„Man ist nicht nur der kleine Teil einer Kette, wie das heute in vielen anderen Unternehmen der Fall ist. Einige machen Werbung, andere Online und wieder andere Events. Ich bin der Meinung, dass ein Produktmanager alles im Griff haben und alles auch auf das Marketing zugeschnitten sein muss. Das habe ich bei Ferrero gelernt, und Ferrero war damals sehr erfolgreich."

Nach fünf Jahren wechselte er in die Marketing- und Vertriebsabteilung von Axel Springer, wo er 15 Jahre lang tätig war. Seine erste große Herausforderung war es, die Tageszeitung *Die Welt* wieder auf das Radar zu bringen. Nachdem der damalige Chefredakteur Mathias Döpfner das Produkt komplett überarbeitet hatte, konnte Volker darauf aufbauen. Seine Idee war ähnlich wie die, mit der Audi damals in die Phalanx von Mercedes und BMW eindrang.

„Ich habe versucht, das Gleiche zu tun. Es gab den Goldstandard mit FAZ und Süddeutscher und die Frage, wie man es schafft, sich als Dritter zu etablieren. Man kann nicht die Positionierung der Platzhirsche übernehmen und muss eine neue Positionierung schaffen. *Die Welt* stand mit ihrer Farbigkeit und Internetaffinität für die modernste Tageszeitung."

Dies versuchten sie in einer Kampagne auszudrücken, die sie gemeinsam mit Springer & Jacoby entwickelten – mit André Kemper und Jörg Schultheis, die er später auch zu Katjes holen konnte. Der Claim „Die Welt gehört denen, die neu denken" begleitet das Blatt nun schon seit mehr als 20 Jahren. Er hatte zudem den großen Vorteil, sowohl den Leser als auch den Inserenten anzusprechen, ähnlich der langjährigen FAZ-Kampagne „Dahinter steckt immer ein kluger Kopf".

Was er von Axel Springer zu Katjes mitgenommen hat, war die Transformation eines deutschen Traditions-unternehmens. Es hatte erkannt, dass sein Markt komplett verschwindet, weil die Digitalisierung sein traditionelles Geschäftsmodell auf die Probe stellte. Axel Springer hat sich innerhalb von 20 Jahren von einem nationalen analogen Zeitungshaus zu einem internationalen digitalen Medienunternehmen entwickelt, und Volker ist froh, dass er daran mitwirken konnte.

„Diese Herausforderung anzunehmen und sich dann mit der Fackel an die Spitze zu setzen, das hat mir viel gezeigt. Das war auch eine gute Lektion, die wir zu Katjes mitnehmen durften. Es gibt die Food-Revolution. Katjes hat physische Produkte und keine digitalen Produkte. Für das Unternehmen spielt die Digitalisierung also nicht die Hauptrolle. Aber es gibt auch andere Trends, bei denen man vorne mit dabei sein und sich auch bewusst kannibalisieren kann, das habe ich von Axel Springer mitgenommen."

Als Volker 2014 zu Katjes kam, hatten die Eigentümer bereits die Herausforderung gelöst, die Kernmarke zu differenzieren, um der Zukunft der Ernährung gerecht zu werden. Fünf Jahre zuvor hatten Tobias Bachmüller und Bastian Fassin entschieden, sich ganz auf das vegetarische Produktsortiment zu konzentrieren, weil sie die Zukunft in der rein pflanzlichen Ernährung sahen. Damals waren weder der deutsche Handel noch die Verbraucher bereit.

„Das heißt, sie mussten erst einmal durch das Tal der Tränen gehen und die gesamte Produktpalette neu ausrichten. Und das kann natürlich nur jemand machen, der als Familienunternehmen bereit ist, zunächst Rückschläge hinzunehmen, vielleicht sogar Umsatzrückgänge, um dann umso stärker zu sein, wenn man der Welle weit voraus ist und plötzlich ein Sortiment hat, bei dem alle anderen sagen, ja, das war ein No-Brainer, ist klar, dass es heute so sein muss."

Diese Strategie verschaffte Katjes einen First-Mover-Vorteil. Aber das war noch nicht das Ende der Geschichte. Damals kam die Zuckerdiskussion auf. Sie erkannten, dass die Transformation der Lebensmittelindustrie nicht nur zu einer pflanzenbasierten Zukunft führen wird, sondern auch zu sauberen Zutaten und funktionellen Lebensmitteln. Für Katjes stellte sich die Frage, wie man sein Kerngeschäft reformieren, aber auch neue Geschäftsfelder aufbauen kann. Man wollte früh dabei sein, weil man wusste, wohin die

Disruption des Lebensmittelhandels und der Ernährung führt und dass neue Märkte und neue Marken entstehen würden.

Als Antwort auf diese Herausforderung stellte sich Katjes Greenfood heraus. Ihr Ziel war nicht auf Süßwaren beschränkt, die neun Prozent des Lebensmittelmarktes ausmachen. Da Katjes sich auf dem Markt jenseits der Süßwaren nicht auskannte, war es sinnvoll, mit Minderheitsbeteiligungen zu beginnen und sich auf Start-ups zu konzentrieren. Auf diese Weise könnten sie diversifizieren und in alle Kategorien des Lebensmittelhandels einsteigen. Wichtig war, dass alles auf pflanzlicher Basis sein musste.

Im Lebensmittelsektor braucht ein Start-up-Unternehmen einen anderen Ansatz, weil es sich nicht wie ein digitales Produkt skalieren lässt. Als physisches Produkt erfordern Lebensmittel Kapazitäten in Produktion, Vertrieb und Transport. Es braucht Geschäfte, entweder physisch oder online, die es dann verkaufen. Das macht es schwierig, exponentielles Wachstum zu erreichen. Freilich kann man mit einem guten Produkt schnell wachsen, aber das geht nicht so schnell wie im digitalen Bereich. Deshalb ist die Auswahl der Investitionen umso wichtiger.

Mit Veganz, dem ersten Investment nach der Gründung von Greenfood, konnten sie nun bereits den ersten Exit realisieren und Veganz 2021 an die Börse bringen. Es war eine bewusste Entscheidung, damals in einen der großen Fische zu investieren, weil Volker wollte, dass Greenfood selbst als Marke verstanden wird und nicht nur als Finanzinstrument.

„Es war wichtig für die Reputation und Positionierung und für die Bekanntheit von Katjes Greenfood im Markt, mit solch einem ersten Kaliber zu starten, denn dann wussten alle Bescheid. Und dann muss man die Start-ups nicht bitten, uns ein Pitch Deck zu schicken, sondern die Leute sind schon da. Auch hier ist eine Marke Pull und nicht Push."

Warum hat er Katjes verlassen, um sich selbstständig zu machen? Er sah, wohin die Reise ging, und er wusste, dass er den größten Mehrwert nicht als Angestellter schaffen würde, sondern durch den Aufbau von Marken, die er, wenn auch nur teilweise, selbst besitzt. Da er bei Katjes keine Möglichkeit hatte, sich an Marken oder an Greenfood zu beteiligen, sagte er sich, dass er das alleine machen muss.

Sein Gesellenstück ist kiukiu, ein Cocktailelement, das er zusammen mit Bösch Boden Spies aus Hamburg und zwei großen Namen der deutschen Barszene, Jörg Meyer und Chloe Merz, kreiert hat. Für das Produkt wird der bisher ungenutzte Teil der Kakaofrucht verwendet, das Fruchtfleisch, das vor der Verwendung als Lebensmittel zertifiziert werden musste.

Aber das ist nur der Auftakt. Volker will mit Investoren und anderen Partnern zusammenarbeiten, denn sein Ziel ist es, weitere pflanzliche, saubere Inhaltsstoffe und funktionelle Produkte zu entwickeln und auf den Markt zu bringen. Die

Idee dahinter ähnelt dem, was Rocket Internet vor 15 Jahren im digitalen Bereich gemacht hat: einen Inkubator zu gründen, um Unternehmen und Marken aufzubauen, die Produkte auf den Markt bringen, die hoffentlich in zehn oder 20 Jahren marktführend sein werden. Deshalb hat er mit zwei Partnern den Company Builder Good Food Creators ins Leben gerufen.

Sein zweites Produkt, das Mitte 2022 auf den Markt kommt, ist ein rein natürlicher Energydrink auf Basis der Kaffeekirsche – eine weitere Zutat, die bis vor Kurzem als Lebensmittelabfall galt. Da sie mehr Koffein enthält als Kaffeebohnen, kommt das Getränk ohne zusätzliches Koffein oder Energie aus. Der Markt für Energydrinks, der in den 1980er und 1990er Jahren vor allem von Red Bull geprägt wurde, wächst zwar immer noch jedes Jahr im zweistelligen Bereich, hat aber in den letzten Jahren kaum Innovationen hervorgebracht. Vor allem gab es bisher noch keinen rein natürlichen, sauberen Energydrink.

„Ich hoffe, dass wir Red Bull in den nächsten Jahren vom Thron stoßen." An Ehrgeiz mangelt es Volker nicht.

Takeaways

① Performance-Marketing kann zu dem Trugschluss führen, dass man Umsatz kaufen kann.

② Der Markenmanager der Zukunft muss für das Produkt verantwortlich sein.

③ Bei großen Trends wie der Digitalisierung und der Food-Revolution zahlt es sich aus, ganz vorne dabei zu sein und sich bewusst zu kannibalisieren.

④ Marke ist Pull und nicht Push.

78

Maria von Scheel-Plessen — Director EMEA Media, Gucci

„Wenn sich niemand traut, den Status quo zu verbessern oder Verbesserungen vorzuschlagen, kommen wir nicht weiter.“

Maria von Scheel-Plessen

Director EMEA Media, Gucci

— Geboren und aufgewachsen in der Nähe von Hannover, schon früh international unterwegs
— Hat Marketing und E-Commerce bei Hugo Boss, Google, Rocket Internet, Zalora und Amazon gelernt
— Auch wenn sie digital ist, genießt sie es, ein hochwertiges physisches Produkt zu haben
— Ausgezeichnet als eine der „Luxury Women to Watch in 2021"
— „Future Shaper 2022" der Zeitschrift *Business Punk*

[1] — **Recke, Martin** (2019). Don't fall into the scientism trap. NEXT Insights.

agil: ein iterativer Ansatz für die Softwareentwicklung, der verwendet wird, um auf Veränderungen zu reagieren; wird auch in anderen Kontexten eingesetzt, zum Beispiel im Marketing

"If we have data, let's look at data. If all we have are opinions, let's go with mine." — Jim Barksdale

Dieses Zitat des ehemaligen CEO von Netscape fängt die Spannung zwischen traditionellen und digitalen Unternehmen treffend ein. In der vordigitalen Welt waren Daten oft spärlich und fragmentarisch, sodass ein gewisses Maß an Interpolation, Vermutungen und Bauchgefühl erforderlich war, um Entscheidungen zu treffen. Dies ließ Raum für willkürliches, meinungsbasiertes Management. Es gab eine ganze Kaste von sogenannten „Entscheidungsträgern", die genau das taten, was der Name vermuten lässt: Sie trafen Entscheidungen, die jedoch auf Meinungen basierten. Hierarchien waren nötig, um ein Spiel zu spielen, bei dem der Rang alles übertrumpfte.

Die digitale Welt hat diesen Spielen ein Ende gesetzt, ob nun jede Organisation dies erkannt hat oder nicht. Daten sind nicht mehr rar, sondern im Überfluss vorhanden, wenn auch oft noch bruchstückhaft. Wer Daten ignoriert, tut dies auf eigene Gefahr: Daten haben uns flache Hierarchien, Transparenz, Agilität und datengesteuerte Entscheidungsfindung beschert. (Das hat auch zu einem gewissen Grad an Wissenschaftsgläubigkeit geführt, aber das ist eine andere Geschichte. **[1]**) In vielen Unternehmen gibt es jedoch noch viel zu tun, wenn es um die Implementierung eines datengesteuerten, agilen Führungsmodells geht.

Das Internet im Allgemeinen und der E-Commerce im Besonderen haben das verbraucherorientierte Modell der Konsumgüterindustrie in alle anderen Branchen gebracht

Sales Funnel: die Schritte, die ein potenzieller Kunde vom ersten Kontakt mit einer Marke oder einem Unternehmen bis zur Kundenwerdung durchlaufen muss; oft unterteilt in → Upper Funnel, → Mid Funnel und → Lower Funnel (→ Customer Journey)

Customer Journey: die gesamte Geschichte der Interaktion zwischen Kunden und Unternehmen

First-Party-Daten: die Daten, die ein Unternehmen direkt von seinen Kunden erhebt, im Gegensatz zu Third-Party-Daten, die aus externen Quellen stammen

und mit Daten aufgeladen. Der Direktverkauf an Verbraucher und die immer stärkere Durchleuchtung des Sales Funnel gewinnen an Bedeutung.

Menschen wie Maria von Scheel-Plessen sind die Pioniere unserer Zeit und verändern die Art und Weise, wie traditionelle Unternehmen wirtschaften. Es geht darum, Lektionen und Werkzeuge aus der digitalen Industrie zu übernehmen und zu adaptieren. Es geht um Disruption von innen heraus.

Im Dezember 2021 kam Maria als Director of Media für Europa, den Nahen Osten und Afrika zu Gucci in Mailand und übernahm die Verantwortung für 37 Märkte. Zu diesem Zeitpunkt war sie mit dem Stand des E-Commerce und des digitalen Marketings bei der legendären Luxusmarke recht zufrieden. Sie hatte bereits einen gut ausgestatteten Werkzeugkasten und eine solide Grundlage an Informationen und Daten, um loszulegen.

„Die Herausforderung besteht darin, die Datennutzung nachhaltig zu gestalten, damit jüngere Generationen nicht nur einmal in ein Marken-Ökosystem eintauchen oder ein Produkt nicht nur einmal kaufen, sondern es auch wieder tun, idealerweise im Rhythmus von einem halben bis anderthalb Jahren."

Ihr Ziel ist eine gute Kundenbindungsquote. Dazu muss sie die richtigen Tools aufbauen, Customer Journeys personalisieren und noch mehr mit First-Party-Daten und Media arbeiten, um eine nachhaltige Kundenakquise zu

Tech-Stack: eine Kombination von Technologien, die quasi aufeinandergestapelt werden, um ein Produkt zu entwickeln

gewährleisten. Dafür gibt es bereits einen Tech-Stack, wie er bei Montblanc noch nicht vollständig vorhanden war, als sie 2017 zum Unternehmen kam.

Die Herausforderung ihrer jetzigen Aufgabe bestand zunächst darin, dass sie für Märkte wie den Nahen Osten, die am schnellsten wachsende Region für Luxusgüter, zuständig sein würde. Der Fokus auf Snapchat, TikTok und Personalisierung ist dort prominenter als in Frankreich oder Deutschland. Gucci verfügt bereits über eine sehr starke E-Commerce-Plattform und einen Flagship-Store. Da Maria auch für den Online-Vertrieb verantwortlich ist, musste sich die von ihr entwickelte Strategie auch direkt in Abverkauf umsetzen lassen.

Als Marketeer genießt sie es, ein physisches Produkt zu haben, das mit Raffinesse, speziellen Technologien und Materialien hergestellt wird. Montblanc, ihr ehemaliger Arbeitgeber, hatte eine solche Tradition über 110 Jahre hinweg aufgebaut. Das deutsche Unternehmen gehört zum Schweizer Luxusgüterkonzern Richemont.

„In jedem Schreibgerät stecken mehr als 100 Produktionsschritte. Die Produktion in Deutschland zu haben, die Produkte jeden Tag sehen und den Kunden zeigen zu können, war gerade für einen Marketeer sehr bereichernd im Vergleich zu Plattformen wie Amazon“, wo sie zuvor gearbeitet hatte.

Als sie zu Montblanc kam, war das Unternehmen jedoch noch nicht digital oder auf E-Commerce ausgerichtet. Das

Omnichannel: ein Multichannel-Ansatz für den Vertrieb, der alle Kanäle in ein nahtloses Erlebnis integriert

Media Journey: der Teil der → Customer Journey oder des → Sales Funnels, der von → Paid, → Earned oder → Owned Media geprägt ist

E-Commerce-Geschäft der Marke existierte zwar bereits seit fast zehn Jahren, hatte aber keine automatisierten Prozesse, kein Omnichannel und keine Nutzung von First-Party-Kundendaten für automatisierte Media Journeys. Das war die Herausforderung, mit der Maria konfrontiert war. Diese Automatisierung zu etablieren, ohne das starke Markenimage zu opfern, hielt sie fast fünf Jahre lang bei Montblanc.

„Für mich war es eine ständige Veränderung, ein ständiges Wachstum in meiner Rolle. Die Tradition eines alteingesessenen, namhaften Luxusunternehmens mit der Aufgabe zu verbinden, die digitalen Prozesse zu gestalten – die ich aus den letzten Jahren bei Rocket, Zalora und Amazon mitgenommen habe –, war eine spannende Herausforderung. Ich konnte viele Synergien schaffen und etablieren."

Seit ihrer Schulzeit hat Maria viel Zeit im Ausland verbracht. Sie besuchte ein Internat in Australien, absolvierte weitere Praktika im Ausland und begann ihr Studium in London. Diese Internationalität kam ihr von Anfang an zugute, sowohl in ihrer Ausbildung als auch bei der Wahl ihrer Arbeitgeber und Jobs.

„Das Unternehmertum meines Vaters hat mich stark geprägt. Er hat mich immer ermutigt, neue Herausforderungen anzunehmen, und diese Einstellung war wichtig für die verschiedenen Schritte, die ich gemacht habe." Maria studierte an der London School of Economics und sammelte während dieser Zeit erste Erfahrungen im Marketing bei

Unternehmen wie Hugo Boss und Google. Damals, zumindest bei Hugo Boss, gingen gerade die ersten E-Commerce-Geschäfte an den Start. Bei Google beriet sie deutsche Kunden zu ihren Werbestrategien.

„Ich habe E-Commerce von Grund auf gelernt und auch Prozesse etabliert, indem ich herausgefunden habe, welche Tools benötigt werden. Damals war es schon schwierig zu wissen, welches Content-Management-System verwendet werden sollte. Wie viel können wir intern machen und wie viel müssen wir mit Agenturen teilen? Die wichtigste Erkenntnis für mich war, mich nicht zu sehr auf das Agenturgeschäft zu verlassen. Das Zweite war die Effizienz flacher Hierarchien, die ich bei Google deutlich gesehen habe. Bei Hugo Boss war es sehr, sehr politisch, sehr top-down vom Management und auch sehr stark von der deutschen Zentrale aus kontrolliert."

Nach ihrem Studium ging sie nach Berlin und stieg bei Rocket Internet ein. Das Unternehmen befand sich damals in einer spannenden Wachstumsphase und war noch nicht an die Börse gegangen. Es war zu dieser Zeit ein Top-Player, und Maria wollte einmal die komplette Start-up-Erfahrung sammeln. Da es damals bereits über 130 verschiedene Ventures bei Rocket Internet gab, war sie als Beraterin für unterschiedliche Start-ups tätig, insbesondere in den Bereichen PR, Kommunikation und Online-Marketing, sodass kein Arbeitstag wie der andere war.

Ihr wurde sehr schnell viel Verantwortung übertragen, wodurch sie einen guten Einblick in verschiedene

Unternehmen, Teams und Kulturen erhielt. Diese Perspektive erwies sich als großer Vorteil, als sie nach Singapur ging, um bei Zalora zu arbeiten, dem asiatischen Schwesterunternehmen von Zalando, das ebenfalls zu Rocket Internet gehörte. „Das war der eigentliche Ausgangspunkt, um die Fähigkeiten zu erwerben, internationale Teams zu führen und agil genug zu sein, um bei Rocket nicht unterzugehen und das Arbeitstempo zu bewältigen."

Nach zwei Jahren kehrte sie aus Singapur zurück und heuerte bei Amazon in München an. Während Daten und der Tech-Stack wiederkehrende Themen für Maria sind, weiß sie auch den Wert und die Kraft der Markenbildung zu schätzen. Wenn das Marketing von Performance und Daten dominiert wird, leiden oft Branding und Kreativität. Budgets für das Markenmarketing zu bekommen wird zu einem Kampf. Das hat sie bei Amazon gelernt, einem Unternehmen, das sie dafür bewunderte, wie ausgereift sein kompletter Technologie-Stack bereits war.

„Alles war im Haus. Das bedeutet, dass sie keinerlei Abhängigkeit von anderen Akteuren hatten. Da aber immer mit Zahlen argumentiert wird, war es schwierig, wieder in Richtung Branding zu gehen und entsprechende Budgets zu bekommen."

Auf die Frage nach den größten Herausforderungen des heutigen Marketings beginnt Marias Antwort mit der fortschreitenden Segmentierung der verschiedenen Online-Marketing-Kanäle. In der Vergangenheit, so stellt sie fest, haben wir nur über Social, Display und Search gesprochen. Jetzt gibt es sogar in Social-Media-Teams Rollen wie Analyst, Content-Creator und Kampagnenmanager. Sie sieht, dass das Ganze immer granularer und das Marketing immer spezialisierter wird.

„Ich denke, wir müssen aufpassen, dass wir uns nicht zu sehr spezialisieren, damit es noch Generalisten gibt, die für andere einspringen können, die auch das große Ganze im Blick haben, die die stärksten Herausforderungen des Unternehmens kennen."

Eine zweite, nicht minder große Herausforderung ist Omnichannel, eine Markenpräsenz über verschiedene Marketingkanäle und Einkaufsplattformen hinweg. Omnichannel ermöglicht es, E-Commerce und physische Geschäfte zu kombinieren und dieselben Aktivitäten und Werbeaktionen parallel durchzuführen. Andernfalls, so glaubt sie, würde der Kunde irregeführt und die Markenpositionierung verschleiert.

Der dritte Punkt ist die Personalisierung. Aus ihrer Sicht erwartet der Kunde von heute eine personalisierte Kommunikation. Dies erfordert erhebliche Investitionen in First-Party-Daten und die Navigation in einem nahezu undurchdringlichen Dschungel von Tools. Sie hat erlebt, dass allein im Marketing jedes Jahr bis zu 20 neue Tools an Bord kommen. „Manchmal schauen wir uns erst im Nachhinein an, wie sie miteinander kommunizieren können. Welche Anschlussmöglichkeiten gibt es? Wie können diese Tools abteilungsübergreifend eingesetzt werden?"

Dadurch entstehen einfach mehr isolierte Silos als in der Vergangenheit, glaubt sie. Bei der Einführung von Tools, insbesondere in Marketingorganisationen, müssen ihrer Meinung nach noch mehr Entscheidungsträger aus verschiedenen Abteilungen an einem Tisch sitzen, um Synergien zu schaffen, sich gegenseitig zu unterstützen und mehr Prozesse zu automatisieren.

Außerdem wollen die Verbraucher auch, dass Unternehmen und Marketeers die richtigen Werte etablieren, sei es Nachhaltigkeit, Vielfalt, Kreislaufwirtschaft oder etwas ganz anderes. „Es ist so unglaublich wichtig, jetzt zu investieren, um auch in Zukunft relevant zu sein. Es ist nicht in jeder Branche und in jedem Unternehmen authentisch, sich vom ersten Tag an mit diesen Werten zu assoziieren. Aber es ist wichtig, gerade jetzt stark in diese Themen zu investieren, auch wenn es durch Kooperationen geschieht, auch wenn es nur kleine Schritte sind. Denn in den nächsten fünf bis zehn Jahren wird es eine Grundvoraussetzung sein."

Wenn es um Branding geht, betrachtet Maria die Marke nicht als eine eigene Einheit, sondern als ein Ökosystem, in das der Kunde eintritt. Marken schwanken aus ihrer Sicht ständig zwischen Neuerfindung und Authentizität. Ihre Fragen lauten daher:

- Inwieweit können sich Marken neu erfinden?
- Wie bleiben sie authentisch und wie kann das Marketing die richtigen Markenbotschafter ins Boot holen?

- Wie können Marketeers die Kunden ansprechen, die Kaufbereitschaft und Interesse an der Marke haben, damit Marken nicht zu breit zielen oder die falschen Influencer einsetzen?

- Wie können Marken sicherstellen, dass sie nicht zu weit in eine Richtung gehen, mit der sie sich möglicherweise nicht mehr identifizieren?

Heutzutage ist die Marketingleitung zwischen kreativen Prozessen und Analysen gefangen, was Agilität umso wichtiger macht. Für Maria ist die Zeit der starren Top-down-Führung also eindeutig vorbei.

„Es gibt immer mehr horizontale Führung. Ich finde es wichtig, Mentor für das Team zu sein und als Chief Marketing Officer auch der jüngeren Generation Raum, Entscheidungskompetenz und einen Platz am Tisch zu geben." Damit einher geht für sie auch die Etablierung einer Kultur, die das Scheitern zulässt. „Wenn sich niemand traut, den Status quo zu verbessern oder Verbesserungen vorzuschlagen, kommen wir nicht weiter."

Für das Profil des zukünftigen CMO erwartet Maria, dass die Kombination eines kreativen Analysten mit der Schnittstelle zwischen Branding und Lifestyle im Bereich Marketing, aber auch Daten, immer relevanter wird.

„In Vorstandssitzungen kann der Chief Digital Officer die Gedankengänge des CMO fast immer mit Daten widerlegen. Und so sollte es nicht sein. Ich denke, eine Person, die das Beste aus beiden Welten hat und in beiden Bereichen gut ausgebildet ist, ist das Profil der Zukunft."

Im Marketing müsse es vor allem darum gehen, den Werterahmen und die Markenpositionierung zu definieren. Danach kann die Marketingabteilung die richtigen Kanäle für die Kommunikation und die Budgetplanung für E-Commerce und Offline-Verkäufe festlegen, einschließlich des prozentualen Umsatzanteils, der online oder offline generiert wird.

Je nach Unternehmen schätzt Maria, dass der Einfluss des Marketingteams auf den Umsatz zu 80 bis 90 Prozent nachvollziehbar oder messbar ist.

„Ich finde es sehr wichtig, das in einem Zug zu diskutieren und die richtigen Teams an Bord zu haben." Sie plädiert daher für eine Kombination und eventuell sogar Zusammenlegung von Sales-, E-Commerce- und Marketingteams.

Ein weiterer Faktor im Hinblick auf ihre Prioritäten sind Führungsqualitäten. Sie erkennt in den Teams eine neue Generation, die noch anspruchsvoller ist, noch mehr durch Herausforderungen lebt und sich einbringen möchte. Daher müssen sich Führungskräfte entsprechend weiterbilden, um mit dieser Generation gut zusammenzuarbeiten und ihr das richtige Terrain zu geben. Dies hängt eng mit Agilität zusammen, einer weiteren Priorität, bei der es darum geht, das Unternehmen neu zu erfinden und zu prüfen, wie es relevant bleiben kann.

Performance-Marketing: eine Marketingstrategie, die auf messbare Ergebnisse (→ Conversion Rate, → Key Performance Indicator) ausgerichtet ist und Daten zur Entscheidungsfindung nutzt

In Marias idealer Welt sollten CMOs die Kreativteams, den E-Commerce sowie die Media- und Performance-Marketing-Teams leiten, einschließlich Öffentlichkeitsarbeit, CRM und Daten.

„Alles muss aus einer Hand verwaltet werden. Sonst gibt es zu viele Silos. Marketing und Vertrieb sollten an einem Tisch sitzen, und PR-Teams oder CRM-Teams sollten sich bewusst sein, was sie an messbaren Online- und Offline-Verkäufen generieren."

Um erfolgreich zu sein, brauchen CMOs und ihre Teams eine datengesteuerte Denkweise, Kundenorientierung, Kreativität und Agilität.

Takeaways

① Daten sind alles, aber Werte stehen an erster Stelle.

② Hüten Sie sich vor den neuen Silos, die durch die Fragmentierung des digitalen Marketings entstehen.

③ Die Zeit der Top-down-Führung ist vorbei. Neue Führungskompetenzen sind gefragt.

④ Die neue Generation ist noch anspruchsvoller.

92

Maurizio Barucca — Head of Marketing, Barmer

„Man muss einfach strategisch sehr gut arbeiten und offen für Kreativität sein, um überhaupt eine Chance zu bekommen.“

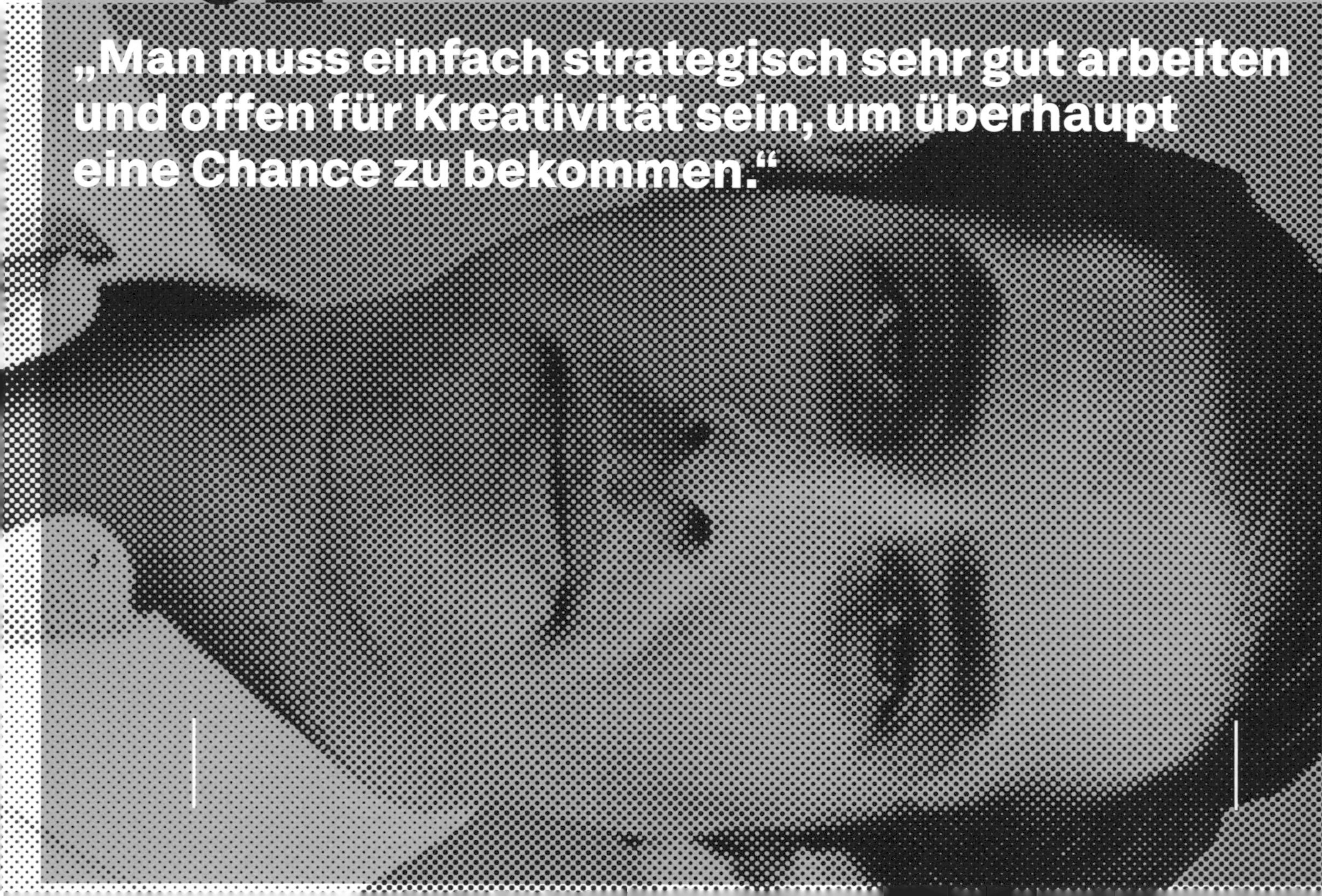

Maurizio Barucca

Head of Marketing, Barmer

— Aufgewachsen in Frankfurt am Main und Hamburg
— Inspiriert durch seinen italienischen Vater pflegt er eine enge Beziehung zu Italien
— Trainee und Stipendiat bei Axel Springer
— Studium der Marketing-, Kommunikations- und Wirtschaftswissenschaften in Erfurt, Pavia und Venedig

Marketeers machen es sich im Bereich Promotion oft zu bequem und vernachlässigen die anderen drei Ps (Place, Price, Product) im klassischen Marketingmix. Viele finden sich schließlich in der Bedeutungslosigkeit wieder und verlieren entweder ihren Platz am Vorstandstisch oder kommen gar nicht erst dorthin. Wer sich zu sehr auf Branding und Werbung konzentriert, gerät oft schnell in Vergessenheit.

Maurizio Barucca vermeidet diese Falle geschickt, indem er die untergeordnete Rolle der Promotion im Marketing anerkennt. Er betont, wie wichtig es ist, strategisch, vernetzt und in einem ganzheitlichen System zu arbeiten, das aus so grundlegenden Komponenten wie Technologie und Infrastruktur, Organisationskultur, Agilität und einer klaren Vision für die Marke besteht.

Nur so kann Marketing heute effektiv funktionieren.

Effektives Marketing setzt voraus, über das neue Kaufverhalten der Verbraucher, den Wettbewerb und die Marktszenarien nachzudenken und die Erkenntnisse zur Entwicklung einer starken unternehmerischen Teammentalität zu nutzen. Dieses Vorgehen trug dazu bei, die Marke und das Unternehmen Barmer voranzutreiben und gleichzeitig mit wichtigen Abteilungen in Kontakt zu treten, um Ansichten auszutauschen und Strategien abzustimmen. Intensive Markenarbeit ist ein Motor für Veränderungen und ihr erfolgreicher Einsatz erfordert heutzutage die Bewältigung von Komplexität und den schnellen Aufbau neuer Marktkompetenzen.

„Alle Branchen stehen zunehmend im Wettbewerb und befinden sich mitten in der digitalen Transformation. Mit der digitalen Transformation stellt sich die Frage, ob dieser Trend anhält und ob wir flexibel genug sind, um ihn aufzugreifen und darauf zu reagieren."

Angesichts der Marktdynamik haben Marketingprofis daher keine andere Wahl, als über dieses spezielle „P" hinauszudenken. Das Marketing ist eine der ersten Abteilungen, die sich intensiv mit neuem Verbraucherverhalten, dem Markt und seinen Wettbewerbern auseinandersetzen. Es kann relativ schnell erkennen, wann das Unternehmen seine Strategie überdenken muss.

Bei der Barmer bedeutet dies auch, von einzelnen Marketingsäulen zu zusammenhängenden, konsistenten Markenerlebnissen überzugehen, die aus Storytelling und durch Technologie und Daten ermöglichten Erlebnissen bestehen. Die Marke muss „live gehen" und ihre „Show" über das Ökosystem und alle Berührungspunkte hinweg ausstrahlen. Das gilt heutzutage für die meisten Branchen, aber diese Strategiearbeit ist hochkomplex.

„Zusätzlich zu den geschäftlichen Grundlagen brauchen wir ein tiefes Verständnis der digitalen Technologie, der Strategieszenarien und Wettbewerbstaktiken, um Veränderungen zu antizipieren und vorausschauender zu arbeiten. Denn Szenarien können sich schnell komplett ändern, es kann zu Verschiebungen durch Wettbewerber oder taktische Änderungen kommen. Das gilt sogar für den

Purpose: der Grund für die Existenz eines Unternehmens, der als Grundlage für das Marketing verwendet wird; wird heute häufig als bestimmender Teil des Markenauftritts eines Unternehmens verwendet und schließt Themen wie Nachhaltigkeit und soziale Verantwortung von Unternehmen ein

Key Performance Indicator (KPI): ein messbarer Indikator für das angestrebte Ziel

Krankenversicherungsmarkt, der sich vergleichsweise langsam bewegt."

Darüber hinaus beeinflussen Schockwellen aus dem großen Ganzen die Agenda. Der ständige Krisenmodus in Wissenschaft und Wirtschaft verändert heute die Anforderungen an Marketing und Innovation.

Neben der digitalen Transformation der Gesellschaft verändern auch der Klimawandel und die globale Pandemie die Art und Weise, wie Menschen über ihr Leben und die Gesellschaft denken – und damit auch über Unternehmen und Marken. Sie wollen, dass Unternehmen verantwortungsvoll handeln. Bei der Barmer ist dies eine wichtige Aufgabe, die zur Definition eines starken Purpose und zu taktischen Veränderungen in der Kommunikation geführt hat.

Wichtig ist auch die Orchestrierung von Aufgaben, die für Maurizio eine soziale Frage darstellt. Kooperatives Arbeiten mit einer vertrauensvollen, starken Fehlerkultur und dem Teamgedanken, sowohl im Marketing als auch bei den Agenturen, wo sich alle zugehörig fühlen, kann im besten Fall in eine Phase des Flows führen.

„Das ist uns schon mehrfach gelungen, und es ist auch befriedigend, weil wir neben einer sehr positiven Entwicklung der KPIs auch große Wellen von Auszeichnungen erleben. Wir gewinnen viele Awards, was selbstverständlich ein sehr bestärkendes Feedback aus der Kreativbranche für das gesamte Team ist."

Objectives and Key Results (OKRs): ein Framework für die messbare Zielsetzung und Ausrichtung in Teams und Organisationen

Maurizio findet es spannend, Wege zu finden, um eine vertrauensvolle und empathische Kultur zu schaffen, in der alle kooperativ arbeiten – einschließlich der Dienstleister, die sich der Marke zugehörig fühlen, in einen Flow kommen und gute Arbeit abliefern. Die Grundlage dafür sind eine visionsbasierte Führung und die Umsetzung eines klaren Modells von Objectives and Key Results (OKRs), die durch ein gutes Steuerungssystem und Check-ins operationalisiert werden.

„Das ist nicht so einfach und es wird auch nicht immer funktionieren. Aber es funktioniert als Ziel und Anspruch. Auch das sagen wir den Agenturen: Sie tragen die gleiche Verantwortung wie wir. Sie sind keine verlängerte Werkbank, sondern wir sind unseren Partnern gegenüber sehr transparent und klar in Bezug auf Ziele, Erfolge und Auswirkungen. Wir wollen Taktiken und Auswirkungen richtig adressieren, damit sie auf einer ganz anderen Ebene mit uns mitdenken können, als erweitertes Management oder als Sparringspartner. Es ist eine sehr offene Kultur, was schön ist."

Maurizio hat sowohl einen Agentur- als auch einen Unternehmenshintergrund. Er startete seine Karriere auf Unternehmensseite und kehrte nach Stationen in der Agentur- und Beratungswelt mit seinem Einstieg bei der Barmer 2015 auf die andere Seite des Tisches zurück. Mit rund 9 Millionen Versicherten ist sie eine der beiden größten Krankenkassen in Deutschland. Als er zur Barmer kam, hatte das Unternehmen bereits begonnen, die Marke und ihre Positionierung weiterzuentwickeln. Maurizio begann im

agil: ein iterativer Ansatz für die Softwareentwicklung, der verwendet wird, um auf Veränderungen zu reagieren; wird auch in anderen Kontexten eingesetzt, zum Beispiel im Marketing

Scrum: ein → agiles Framework für die Entwicklung von Software und anderen Produkten

Digitalbereich und übernahm dann schnell andere Aufgaben. Er verantwortete das gesamte Kampagnenmanagement und arbeitete an der Markenpositionierung, der Markenplattform und der gesamten Kommunikationsstrategie.

„Selbstverständlich haben wir dann nach und nach alles digitalisiert. Wir haben ein neues Strategie-Set für die Website, für die Kommunikation und die Botschaften aufgesetzt, sind mehr ins TV gegangen, in den Online-Bereich, und so hat sich alles entwickelt. Wir haben auf dieser großen ‚Strategieblume' aufgebaut, die wir für uns definiert haben, also die Disziplinen, die wir auf- und ausbauen wollten. Bei der Barmer konnte ich alles anwenden, was ich im operativen Bereich gelernt habe: Positionierungsmodelle, Markenmodelle, viele verschiedene Dinge."

Die Barmer ist relativ schnell auf ein agiles Marketingmodell umgestiegen. Sie hat das Entwicklungsframework 2017 auf den Scrum-Prozess umgestellt, der kontinuierliche Arbeit ermöglicht. Die Hierarchien wurden abgeflacht, und alle wurden miteinander vernetzt. Die einzelnen Teams haben die Silos aufgebrochen, sodass alle kontinuierlich an der Optimierung arbeiten. Wie Maurizio anmerkt, waren dies Veränderungen zum Positiven.

Im Nachhinein betrachtet Maurizio seine Entscheidung, bei der Barmer anzuheuern, als Wendepunkt für ihn. Dabei spielten mehrere Aspekte eine Rolle. Der erste war das Agenturleben. Er hatte sich gefragt, ob er an mehreren Unternehmen und Marken arbeiten oder sich auf ein

Maurizio Barucca — Head of Marketing, Barmer

„Projekte sind viel größer, schneller und umfangreicher geworden und brauchen eine vernetzte Denkweise, damit man aus dem Ganzen nicht ein Monster macht.“

Unternehmen konzentrieren und wirklich Teil davon sein wollte. Er musste auch seine Work-Life-Balance in den Griff bekommen. Abgesehen davon sieht er seine Agenturzeit als eine unglaubliche Lehrzeit. „Durch die vielen unterschiedlichen Kunden und Projekte lernt man einfach sehr viel in sehr kurzer Zeit."

Bereits während seiner Ausbildung bei Axel Springer interessierte er sich für den digitalen Bereich. Dort konnte er bei einem der reichweitenstärksten Portale Deutschlands einsteigen und alles von der Pike auf lernen. Er durchlief verschiedene Ebenen, blieb auf der Führungsschiene und bewegte sich dabei stets in Richtung digitale Produktentwicklung.

„Ich habe zunächst das Geschäftsmodell kennengelernt, aber auch am Relaunch von Bild.de mitgewirkt. Wie integriert man Publishing-Geschäftsmodelle in eine digitale Website?" Irgendwann wurde Maurizio Leiter der Produktentwicklung und des Innovationslabors. Zu dieser Zeit entstand Second Life. Er schlug vor, mit einem kleinen Innovationsbudget eine Boulevardzeitung in dieser virtuellen Welt zu produzieren. Sein Chef sagte: „Lass es uns versuchen. Warum nicht?" Und los ging es mit einem kleinen Team.

„Es war sehr interessant, weil es neben der Produktentwicklung oder den innovativen Projekten, an denen ich damals arbeitete, nebensächlich erschien. Doch was als so kleines Projekt begann, explodierte plötzlich zu etwas Großem. Wir haben es in die Nachrichten geschafft, wir waren auf dem Spiegel-Cover, die New York Times hat uns interviewt. Es war unglaublich."

Nach vier Jahren bei Axel Springer war es für ihn an der Zeit, weiterzuziehen. Er ging zu radicalfuture, einer Boutique-Forschungsagentur, die ihm den gewünschten Freiraum gab, um weiterhin in der digitalen Produktentwicklung zu arbeiten. Dabei nutzte er einen großen Pool von Methoden wie Design Thinking. Außerdem machte er sich daran, den Bereich der Marktforschung zu professionalisieren, insbesondere Zukunfts- und Trendforschung sowie qualitative und quantitative Methoden.

Nach radicalfuture kam Greenkern, und was zuvor eher kreative Methoden und Produktentwicklung waren, wurde zu klarer und harter Strategiearbeit. „Da hat ein Denk- und Logikprozess begonnen, der sehr klar strukturiert war. Das hat mir geholfen, alle Bausteine und Erfahrungen, die ich zuvor gesammelt hatte, noch einmal anzuwenden."

Doch die Vereinbarkeit von Beruf und Familie gewann an Bedeutung, als er Vater wurde. Als frischgebackener Papa stellte er sich die Frage, ob er diese neue Rolle mit dem Job im Agenturalltag vereinbaren könne oder ob dies automatisch zu Konflikten in seiner Beziehung führen würde. Außerdem hatte er sehr viel gelernt, sehnte sich aber auch wieder nach Kontinuität.

Bei der Barmer freute er sich, ein gutes Managementteam vorzufinden, das hoch motiviert war, das Unternehmen und die Disziplin weiterzuentwickeln. „Klar, es ist eine

Körperschaft des öffentlichen Rechts. Wie groß ist also der Drang, sich weiterzuentwickeln, wie groß ist die Offenheit und wie groß ist das Vertrauen in mich? Wie aktiv kann ich mich an diesem Prozess beteiligen?“

Früher wäre eine Krankenkasse für ihn nicht infrage gekommen. Doch die Herausforderung klang so reizvoll, dass er mit seiner Familie von Berlin nach Wuppertal zog.

Der Krankenversicherungsmarkt selbst ist stark reguliert und war lange geprägt von Intransparenz. Versicherer haben kaum Möglichkeiten, sich zu differenzieren, da der Produktkatalog sehr ähnlich ist. Wie auch das klassische Marketing anderer Unternehmen sieht sich die Barmer mittlerweile mit Phänomenen wie einer Stärkung der Verbrauchermacht durch die digitale Evolution konfrontiert, die über Vergleichsportale, direkte Vertragsabschlüsse und Rankings wahrgenommen wird. Die Transparenz für Verbraucher ist heute viel größer.

„Man muss einfach strategisch sehr gut arbeiten und offen für Kreativität sein, um überhaupt eine Chance zu bekommen. Wir befinden uns in einem stark regulierten Markt mit sehr geringer Bewegungsfreiheit. In diesem Rahmen wollen wir das Unmögliche möglich machen: nämlich in einem relativ einheitlichen Markt eine eigene, hochattraktive Marke aufzubauen. Um diese Herausforderung zu meistern, nutzen wir alle uns zur Verfügung stehenden Mittel und glauben fest an herausragende Kreativität als Alleinstellungsmerkmal.“

Eine zweite Herausforderung besteht darin, dass die Barmer im digitalen Bereich mit einer viel stärkeren Fragmentierung der Kanäle arbeiten muss. Soziale Medien sind ein Beispiel, wo sich viele Möglichkeiten ergeben, wie zum Beispiel TikTok. Dementsprechend braucht es viel mehr Fachwissen. „Wir haben dort viel schnellere Zyklen und Geschwindigkeiten."

Die dritte Herausforderung betrifft die Daten. Durch die stärkere Einbindung von Daten und Technologie müssen sie im Backend sehr aufmerksam sein. „Projekte sind viel größer, schneller und umfangreicher geworden und brauchen eine vernetzte Denkweise, damit man aus dem Ganzen nicht ein Monster macht."

Die nächste große Herausforderung ist das Thema Kampagnen und die Professionalisierung der Disziplinen. Dazu gehören Strategie, Insights und Messung. Diese sind eng mit der technologischen Infrastruktur und der Gestaltung des Backbones verflochten, zu dem auch Datenschutz und Automatisierung gehören. Darüber hinaus müssen die Fähigkeiten der Mitarbeiter und die Organisationskultur aufrechterhalten werden.

„Wir müssen uns innerhalb einer agilen Organisation mit agilen Arbeitsweisen auseinandersetzen, aber was heißt das? Eine agile Kultur entwickelt sich kontinuierlich weiter und optimiert Prozesse und Ergebnisse. Das ist alles schön und gut, aber das ganze System kann ins Wanken geraten, wenn man sich zu stark auf Verbesserungen und zu wenig auf die Errungenschaften der Vergangenheit konzentriert.

Irgendwann, besonders während einer Pandemie, wird jeder überempfindlich für das Gefühl, dass nichts ausreicht, nichts gut genug ist. An diesem Punkt sind wir gerade – wir müssen die agile Kultur verstehen und den richtigen Weg finden.“

All dies zum richtigen Zeitpunkt und im richtigen Tempo ist in unserem volatilen Umfeld von entscheidender Bedeutung und wird letztendlich darüber entscheiden, ob wir scheitern oder erfolgreich sein werden.

„In diesen Zeiten des Wandels für die Barmer als gesetzliche Krankenkasse zu arbeiten, ist sinnvoll genug, aber zu sehen, dass Marke und Unternehmen bereits große Schritte in die Zukunft gemacht haben, ist auch befriedigend. Es beweist, dass wir auf dem richtigen Weg und in der Lage sind, Stärke und Umsetzung in Einklang zu bringen.“

Takeaways

① Promotion, Branding und Werbung sind die kleinsten Teile des Marketings.

② Marketing muss strategisch, vernetzt und in einem ganzheitlichen System arbeiten.

③ Alles erodiert, alle Branchen stehen zunehmend im Wettbewerb und befinden sich in der digitalen Transformation.

④ Agenturen sollten die gleiche Verantwortung tragen und nicht als verlängerte Werkbank betrachtet werden.

106

Isabelle Conner — Group Chief Marketing & Customer Officer, Generali

„Die wichtigste Veränderung, die ich in den letzten 15 Jahren miterlebt habe, sind die sich ständig weiterentwickelnden Kundenbedürfnisse.“

Isabelle Conner

Group Chief Marketing & Customer Officer, Generali

— Hat einen dualen französischen und amerikanischen Hintergrund
— Hat in den USA und vielen europäischen Ländern gearbeitet
— Studierte Politikwissenschaft und Internationale Beziehungen und begann ihre Karriere als Finanzreporterin
— Hat für ING, Zurich, Deutsche Bank und Generali gearbeitet

Finanzdienstleistungen und insbesondere die Versicherungsbranche gelten oft als eine harte, klinische Branche. Isabelle Conner, Group Chief Marketing and Customer Officer bei Generali, würde dieser Darstellung widersprechen. Für sie ist eine lebenslange Beziehung zum Kunden ein wesentlicher Bestandteil einer Marketingstrategie, weil sich die Kundenbedürfnisse ändern.

Da sie drei Jahrzehnte lang im Finanzdienstleistungssektor tätig war, hat sie eine weitreichende Perspektive dafür, wie sich sowohl die Branche als auch ihr Marketing verändern. Eine Geschäftsfrau, die halb Französin, halb Amerikanerin ist und ihre Zeit zwischen Mailand und Südfrankreich aufteilt, hat auch eine gewisse internationale Sicht auf die Dinge, die in ihrer Existenz verankert ist.

Isabelle hat Politikwissenschaft und Internationale Beziehungen studiert. Sie begann ihre Karriere als Finanzreporterin in Paris, bevor sie in den USA auf die andere Seite des Tisches wechselte. „Ich wollte an einem pulsierenden und internationalen Ort leben, also entschied ich mich für New York“, erinnert sie sich.

Sie war zwei Jahre im Produktmanagement tätig, bevor sie in den Vertrieb wechselte. Innerhalb weniger Jahre leitete sie den Vertrieb für eine große Region mit 13 Bundesstaaten und 6.000 Maklern, die Altersvorsorgeprodukte verkauften.

„In dieser Funktion habe ich gelernt, wie man Produkte verpackt, präsentiert, die Aufmerksamkeit der Leute auf sich zieht und verkauft“, sagt sie. Obwohl sie die Jahre im

Vertrieb genossen hat, wollte sie auch die eher strategische und kreative Seite des Geschäfts ausloten. Das blieb hängen. In den letzten zwei Jahrzehnten hat sie Marketingfunktionen für Arbeitgeber wie Deutsche Bank Private Banking, ING und Zurich geleitet.

Der Job bei ING brachte sie zurück nach Europa, und seitdem ist sie in Amsterdam, London und Zürich zu Hause gewesen. Vor acht Jahren wechselte sie zu Generali und ließ sich in Mailand nieder. „Ich habe das unglaubliche Glück, all diese Kulturen aus nächster Nähe erlebt zu haben", sagt sie.

Neben dieser kosmopolitischen Erfahrung wurde ihr Denken auch durch die Menschen geprägt, mit denen sie zusammengearbeitet hat. Vor allem von dem Mann, den sie als ihren Mentor bezeichnet, Frank Cennamo.

„Er war ein Guru des Finanzdienstleistungsmarketings, und ich hatte das große Glück, dass er mich unter seine Fittiche nahm. Ich war begeistert von seiner Fähigkeit, strategisch zu denken", sagt sie. „Er hat die Aufmerksamkeit der Leute in einer Zeit erregt, in der viele dachten, dass es beim Marketing um Veranstaltungen und Broschüren gehe. Ich habe beobachtet, wie er Marketing im Dienste des Unternehmens einsetzte, um den Umsatz zu steigern."

Diese Erkenntnis bereitete sie auf die Veränderungen vor, die sie im Finanzdienstleistungsmarketing sieht.

„Vor 15 Jahren ging es beim Marketing viel mehr um die Marke und insbesondere darum, sie durch Werbung und

Owned Media: Marketingkanäle, die einer Marke gehören und von ihr kontrolliert werden, im Gegensatz zu → Earned Media und → Paid Media

Earned Media: eine Promotion (→ vier Ps), die weder Werbung (→ Paid Media) noch Branding → Owned Media) ist

Sponsoring zu fördern. Alles war gebuchte Medialeistung. Heute nutzen wir Inhalte auf Owned- und Earned-Media-Kanälen, unterstützt durch Daten und Analysen."

Daten und ihre Rolle sind für sie ein wichtiges Thema, wie wir noch sehen werden. Sie weist jedoch darauf hin, dass wir bisher nur über den werblichen Teil der Gleichung gesprochen haben. Produkte werden zunehmend von der Evolution der Verbraucher vorangetrieben.

„Die wichtigste Veränderung, die ich in den letzten 15 Jahren miterlebt habe, sind die sich ständig weiterentwickelnden Kundenbedürfnisse und -erwartungen, die von Marken außerhalb der Finanzdienstleistungsbranche geprägt werden. Heute geht es bei Produkten viel mehr um Lösungen, die den Verbrauchern helfen vorzubeugen, sie zu schützen und sie in allen Aspekten ihres Lebens zu unterstützen."

Und die Antwort auf diese Herausforderung liegt in den Daten. Zugegeben, Daten sind ein weit gefasster Begriff, aber für Isabelle besteht der Schlüssel darin, aus den Daten Erkenntnisse zu gewinnen, die es einem Marketeer ermöglichen, das Produkt, die Dienstleistungen, den Preis und die Erfahrungen, die der Kunde macht, zu personalisieren.

„Und all das erreicht man, indem man sich die Daten zunutze macht. Wir haben viele neue Werkzeuge, die wir vor 15 Jahren noch nicht hatten, wie etwa CRM oder die 360-Grad-Sicht auf den Kunden. Dies sind mächtige Hilfsmittel, die es

Customer Journey: die gesamte Geschichte der Interaktion zwischen Kunden und Unternehmen

uns ermöglichen, den Kunden in Echtzeit ganzheitlich zu betrachten, sodass wir ihn proaktiv beraten können. Es ist gut, den vergangenen und gegenwärtigen Wert eines Kunden zu verstehen, aber die Prognose seines zukünftigen Werts hilft uns, seine Bedürfnisse zu antizipieren."

Für sie ist es wichtig, dass CMOs die Customer Journey genau verstehen, an jedem Berührungspunkt und über jeden Kanal hinweg, sowohl in der digitalen als auch in der physischen Welt.

„Marketeers müssen funktionsübergreifend zusammenarbeiten, um digitale End-to-End-Lösungen zu entwickeln, die zur Automatisierung dieser Experiences beitragen und mehr Self-Service-Lösungen rund um die Uhr ermöglichen. So kann Versicherung unkomplizierter werden."

Isabelle glaubt fest an die Kraft der Verbraucherforschung. „Jedes Quartal befragen wir 100.000 Kunden in 24 Märkten. Und wir sehen deutlich, dass die Kunden nach Personalisierung suchen."

One size fits all ist Geschichte. Die Menschen wollen, dass Marken konsequent auf ihre spezifischen Bedürfnisse eingehen.

Wie manifestiert sich das in Isabelles eigener Arbeit?

„Versicherungen werden oft als kalt und kompliziert empfunden. Verbraucher suchen jedoch professionellen Rat.

„Kunden zahlen unsere Gehälter, also sollten wir sicherstellen, dass sie von unserer Experience, unseren Angeboten und unserer Beratung begeistert sind.“

Je besser wir also unsere Kunden kennen, desto besser können wir ihr zukünftiges Verhalten vorhersagen und desto relevanter können wir in ihrem Leben werden und desto mehr können wir einen Mehrwert bieten. Und wenn wir dieses Versprechen einlösen, haben wir selbstverständlich auch das Recht, mehr zu verlangen. Wir können eine Premiummarke werden, indem wir qualitativ hochwertige Beratung und maßgeschneiderte Lösungen und Dienstleistungen anbieten.“

Sie ist auch der Meinung, dass der Wert genauso wichtig ist wie der Preis, da Kunden online recherchieren und offline abschließen. „Schon vor dem Abschluss können wir die Marke so positionieren, dass sie personalisierte Beratung bietet“, sagt sie.

„Wir können viel tun, um den Verbrauchern schon *vor* dem Abschluss ein Gefühl der Vertrautheit und des Vertrauens in das zu vermitteln, was sie kaufen.“

Die Vermittler sind nach wie vor die wichtigste Schnittstelle zu ihren Kunden und machen den Großteil des Geschäfts aus.

„Sicherlich bewegt sich die Welt hin zu digitalen Lösungen, aber in unserem Geschäft ist die Rolle der Vermittler absolut entscheidend. Sie sind die primären lebenslangen Partner unserer Kunden und damit der wichtigste Berater. Wir haben sehr erfolgreiche Vertreter, die seit 25 Jahren mit uns zusammenarbeiten und große Versicherungsbestände verwalten. Wir können sie dabei unterstützen, ihre Kunden

Key Performance Indicator (KPI): ein messbarer Indikator für das angestrebte Ziel

regelmäßig zu kontaktieren, eine jährliche Überprüfung durchzuführen oder einen Finanzcheck anzubieten."

„Wir schaffen digitale Kontaktmomente als Teil des Wertversprechens, damit der Vermittler und die Marke glänzen und der Kunde das Gefühl hat, einen Mehrwert zu erhalten. Es ist ein partnerschaftliches Beziehungsmodell."

Generali legt auch großen Wert auf Kundenbindung.

„Die Stärke eines Konzerns wie Generali liegt darin, dass wir 67 Millionen Kunden haben. Wir müssen sicherstellen, dass wir diese Beziehungen vertiefen. Je mehr wir in der Lage sind, durch relevante Kontakte einen Mehrwert zu schaffen, je mehr wir Lösungen personalisieren, desto mehr Geschäfte werden wir wahrscheinlich damit machen."

Strukturell legt das von ihr als CMO geleitete zentrale Team die Strategie fest und entwickelt Frameworks, Blueprints und digitale Plattformen, aber die direkte Kommunikation mit den Kunden wird lokal abgewickelt. Die Funktion des zentralen Teams bleibt es, die Umsetzung der Strategie zu steuern und zu überwachen.

„Wir haben eine Strategie – der lebenslange Partner unserer Kunden zu werden – und innerhalb dieser Strategie gibt es einen sehr gut ausgearbeiteten Rahmen mit granularen KPIs, denen unsere Märkte folgen können."

In diesem Rahmen zieht das gesamte Unternehmen an einem Strang, um drei wichtige Versprechen zu erfüllen:

- alles durchgängig mühelos und kundenfreundlich zu gestalten
- die angebotenen Produkte und Dienstleistungen zu personalisieren
- Beratung in physischer und digitaler Form zu erbringen

Diese Versprechen werden anhand einer Reihe von KPIs überwacht. Die Frameworks werden durch eine wachsende Anzahl digitaler Tools unterstützt.

Das Unternehmen hat einen Mobile & Web Hub aufgebaut, mit einer Reihe von Tools, die es den Märkten ermöglicht, Inhalte und Dienste für Kunden digital schnell und effizient bereitzustellen. Damit wurde die Zeit, die eine Geschäftseinheit für das Onboarding von Design und IT-Entwicklung benötigt, um 40 Prozent reduziert – und die Onboarding-Kosten um 70 Prozent.

Jetzt folgt ein Agent Hub, der zwar noch in einem frühen Stadium ist, aber bereits deutliche Kosten- und Time-to-Market-Einsparungen bringt. Die Vermittler haben Zugang zu qualitativ hochwertigeren und nützlicheren Tools, die ihre eigene Experience und die ihrer Kunden verbessern.

„Innerhalb unseres Rahmens gibt es selbstverständlich Flexibilität. So kann sich ein Markt im Vergleich zu einer anderen Region für eine bestimmte lokale Umsetzung seiner Marketing-Aktivitäten entscheiden. Aber die Strategie ist die Strategie, und ihre Grundpfeiler sind nicht verhandelbar."

Relationship Net Promoter Score (RNPS): zielt darauf ab, die Kundenbindung anhand einer auf die Kundenbeziehung bezogenen Kennzahl zu messen, im Gegensatz zu einem transaktionalen NPS

Jeder CEO hat eine Balanced Scorecard, die sich auf den Relationship Net Promoter Score (RNPS) und den Mehrfachbesitz von Generali-Produkten konzentriert.

Die Idee, das Wachstum durch Partnerschaften voranzutreiben, prägt das aktuelle Denken von Generali. Man denkt dabei an die Rolle, die Geräte wie Gesundheitstracker über die Überwachung der eigenen Fitness hinaus spielen, oder an die Telematik im Auto, die einem hilft, sicherer zu fahren – und daraus finanzielle Vorteile zu ziehen. Auch hier müssen Versicherungen nicht kalt und kompliziert sein – sie können durch regelmäßigen Kontakt und Beratung fürsorglicher gestaltet werden, argumentiert Isabelle. Je zugänglicher das Unternehmen durch die Technologie ist, desto tiefer wird wahrscheinlich die Beziehung zu den Kunden.

Und der CMO steht dabei im Mittelpunkt.

„Durch die schiere Menge an Themen, die man beherrschen muss, ist diese Rolle sehr komplex geworden. CMOs müssen mit dem ständigen Wandel von Trends, Kundenbedürfnissen und Technologien Schritt halten. Und sie müssen andere in der Organisation dazu bringen und inspirieren, der Transformationsbewegung zu folgen.“

Das Thema Transformation steht auch bei Isabelle ganz oben auf der Agenda. Ein Finanzdienstleistungsunternehmen mit dem klaren Ziel, ein echter Partner auf Lebenszeit für seine Kunden zu sein, muss sich ständig neu erfinden.

vier Ps: die Schlüsselfaktoren des Marketings im klassischen Marketingmix: Product, Price, Place und Promotion

„Wir spielen eine immer aktivere Rolle dabei, Kunden zu unterstützen, die ein nachhaltigeres Leben führen möchten“, sagt sie.

Generali engagiert sich intensiv in der Marktforschung, um den Charakter und die Bedürfnisse des verantwortungsbewussten Verbrauchers zu verstehen, der nach Schätzungen von Isabelle etwa zwölf Prozent der Bevölkerung ausmacht. Diese Zahl steigt jährlich an.

„Wir wollen ganz konkret verstehen, wie sie ihr Leben leben wollen, wie dieses Leben aussehen würde, wofür sie einen Aufpreis zahlen würden und wie wir ihnen das bieten können.“

„Hier gibt es die Möglichkeit, mehr zu tun“, sagt sie. Und die Forschung ist im Gange, um dies zu beweisen.

Isabelle sieht eine klare Entwicklung in den traditionellen „vier Ps“ des Marketings. „Wir müssen mit dem Buchstaben C – wie ‚customer‘ – beginnen: dem Kunden. Kunden zahlen unsere Gehälter, also sollten wir sicherstellen, dass sie von unserer Experience, unseren Angeboten und unserer Beratung begeistert sind.“

In ihrer Marketing-Vision des 21. Jahrhunderts beschreibt sie vier neue Szenarien:

- Aus **Produkt** wird **Lösung.** Kunden sind daran interessiert, wie das Produkt ihr Problem löst und wie es ihr Leben verbessert.

- Aus **Preis** wird **Wert.** Kunden sind zwar preisbewusst, aber auch qualitätsbewusst.

- Aus **Promotion** wird **Bildung.** Die Aufgabe des Marketings besteht darin, bestehenden und potenziellen Kunden Inhalte, Informationen und Ratschläge bereitzustellen, die ihnen helfen, den Wert einer Lösung zu verstehen. Das schafft ein Gefühl von Vertrautheit und Vertrauen.

- Aus **Place** wird **Personalisierung.** In der heutigen Online-Welt ist der physische Ort weniger wichtig als die Erfüllung der individuellen Bedürfnisse der Kunden.

Während diese neuen Bereiche durch ihre Relevanz für die entstehenden Kundenbedürfnisse neues Wachstum bieten können, ist Isabelle der Meinung, dass sich die Rolle des CMO weiterentwickeln muss.

„Der CMO ist auch der Chief Growth Officer. Wenn er seine Arbeit gut macht, wirkt es sich auf die gesamte Wertschöpfungskette aus. Wachstum muss auf einer Wertsteigerung für das Unternehmen und den Kunden beruhen."

Ihre Inspiration sind Menschen, die furchtlos in ihren Überzeugungen sind und eine Kategorie umkrempeln können.

„Was auch immer man von Elon Musk halten mag, man muss den Mut eines Mannes bewundern, der aus Südafrika kommt und glaubt, dass er die US-Automobilindustrie umkrempeln kann. Was für ein Selbstvertrauen!"

Für sie sind dies grundlegende Merkmale transformativer CMOs. Aber es gibt auch noch andere Eigenschaften, die sie brauchen.

„Die Marketeers von heute brauchen neben sehr granularem Fachwissen auch ein breites Spektrum an Fähigkeiten. Das bedeutet, dass sie ein starkes Netzwerk von, wie ich es nenne, ‚geliehenen Köpfen' benötigen – sie müssen in der Lage sein, mit externen Unternehmen zusammenzuarbeiten, die über das nötige Fachwissen verfügen, auf das sie für bestimmte Kompetenzen zurückgreifen können."

Sie warnt auch davor, sich in technischen Details zu verlieren, wenn man sich eher auf Kreativität konzentrieren und sein Team und die gesamte Organisation für die Transformation begeistern sollte.

„Daten sind der Klebstoff, aber wir müssen auch weiterhin die Vermittler sein, die fesselnde Geschichten erzählen und unsere Leute führen. Daten und Technologie sind Wegbereiter, aber unsere Mitarbeiter sind die Leidenschaft und Kraft unserer Marke."

Zu den Schlüsselqualifikationen, nach denen sie sucht, gehört die Fähigkeit, eine strategische Vision zu formulieren und die Menschen dafür zu begeistern sowie ein charismatisches, funktionsübergreifendes Bindeglied zwischen Menschen zu sein.

„Ein CMO braucht die Unterstützung anderer Funktionen. Sie müssen Fachleute aus verschiedenen Bereichen wie Finanzen, Recht, IT, Betrieb, Vertrieb, Produkte usw. beeinflussen. Vor einem Jahr haben wir eine wesentliche Änderung an der Art und Weise vorgenommen, wie wir Wertversprechen steuern. Heute werden sie von den Produkt- und Marketingteams gemeinsam entwickelt. Das war ein bedeutender kultureller und operativer Wandel."

Wie man sieht, zeigt Isabelles Einfluss auch die Bedeutung von Geduld. „Manchmal scheint der Fortschritt langsam zu sein, und es gibt Herausforderungen zu bewältigen. Man braucht Resilienz und Tatendrang, und manchmal dauert es Jahre und erfordert Dutzende von Calls und Meetings, aber es gibt wunderbare Momente, in denen sich Menschen aufraffen und sich der Transformationsbewegung anschließen!"

„Das sind die lohnendsten und schönsten Momente für mich als CMO."

Takeaways

① Marketeers müssen interne Verbindungsglieder und interne Evangelisten für den Wandel sein.

② Unterschiedliche Kunden haben unterschiedliche Anforderungen an hybride, physische und digitale Berührungspunkte – stellen Sie sicher, dass Sie sie genau verstehen.

③ Entwickeln Sie robuste Datenpraktiken, um das Potenzial der Daten zum Nutzen des Kunden und des Unternehmens freizusetzen.

④ Haben Sie ein vertrauenswürdiges Netzwerk von Partnern mit Kernkompetenzen, auf die Sie zurückgreifen können und die Sie bei der Beschleunigung des Wandels unterstützen.

122

Patricia Corsi — Global Chief Marketing, Digital and Information Officer, Bayer Consumer Health

„Wenn Sie Ihre Leute intern nicht überzeugen können, wie wollen Sie dann die Menschen außerhalb überzeugen?."

Patricia Corsi

Global Chief Marketing, Digital and Information Officer, Bayer Consumer Health

— Stammt aus einer langen Reihe von Unternehmern im Gastgewerbe
— Wurde in Brasilien geboren und studierte dort Marketing
— Hat für Unilever, Heineken, Kraft Foods und Bayer gearbeitet
— Ist Jurypräsidentin der Health & Wellness Cannes Lions im Jahr 2022

Es ist vielleicht unvermeidlich, dass wir in einem Buch über die Zukunft des Marketings einen Großteil unserer Zeit damit verbringen, uns mit den bedeutenden Veränderungen und Entwicklungen zu befassen, die auf uns zukommen. Aber Patricia Corsi, Global Chief Marketing, Digital & Information Officer bei Bayer Consumer Health, möchte uns an die Grundlagen erinnern. Ohne solide Fundamente wird nichts Gutes gebaut. Wenn man sie richtig legt, hat man eine solide Basis für Innovationen.

Und für sie reicht diese Lektion bis in ihre Kindheit zurück.

„Ich bin die Tochter und Enkelin von Unternehmern, aber ich bin die Erste in meiner Familie, die eine Universität besucht hat. Mein Großvater war Koch, dann baute er ein Hotel und dann war er Hotelbesitzer“, erklärt sie.

Ihr Vater folgte der Tradition und baute eine Reihe von Restaurants in ihrer Heimat Brasilien auf. Und sie lernte von diesen beiden, als sie aufwuchs.

„Ich bin in einem Umfeld aufgewachsen, in dem die Eigentümermentalität alles durchdrang“, sagt sie. „Die Liebe zum Detail, die Besessenheit, dafür zu sorgen, dass sich die Menschen während ihres Aufenthalts wohlfühlen.“

Ihr Großvater war Chefkoch. Er hat die Küche nie verlassen, obwohl ihm das Hotel gehörte, weil er der Meinung war, dass Essen ein wesentlicher Bestandteil des Hotelerlebnisses ist. Ihr Vater war ein Gastronom, der nicht kochte – aber besessen von der Auswahl der Zutaten für die Küche war. Dies hatte Auswirkungen auf Patricia.

„Ich habe dadurch wirklich verstanden, wie wichtig ein gutes und starkes Fundament ist", sagt sie. „Es ist vielleicht nicht sexy. Es ist vielleicht nicht das, worüber die Leute auf Konferenzen sprechen, aber genau das macht Erfahrungen großartig. Es hat mir geholfen, als Marketeer einen klaren Kopf zu behalten. Nicht nur das, es hält mich auch davon ab, glitzernden Dingen nachzujagen oder dem Ego eine größere Rolle zu überlassen, als es haben sollte."

Im Gegensatz dazu wandte sie sich jedoch vom Unternehmertum ab und dem Marketing zu, als sie sich entschloss, Teil einer der ersten Kohorten zu werden, die in den 1990er Jahren an brasilianischen Universitäten Marketing und Werbung studierten.

„Und ich muss sagen, die meisten Leute dachten, das wäre Arbeit für Hippies und seltsame Leute. Weißt du, ehrliche und anständige Leute würden Ingenieurwesen und Jura studieren. Aber es hat wirklich Spaß gemacht, Teil von etwas Neuem zu sein."

Sie ist sehr stolz auf die Errungenschaften der Brasilianer im Marketing und spricht ausführlich über die brasilianischen Gewinner der Cannes Lion Awards.

Ihre Karriere führte sie zu Sony, wo sie vier Jahre in der Musikabteilung arbeitete und lernte, wie unberechenbar die großen Hits in der Branche sein können, selbst wenn die

Grundlagen stimmen. Aber sie war rastlos, mehr zu entdecken, und so nahm sie eine Stelle als Management-Trainee bei Johnson & Johnson an.

„Es ist ein faszinierendes Unternehmen, denn wenn man sich ihr Credo ansieht, sprechen sie seit 150 Jahren über Nachhaltigkeit. Wenn man also an ein Unternehmen denkt, das ein gutes Gespür für die Rolle von Marken und Gesundheit in unserem Leben hat, dann ist es dieses."

„Sie waren sehr darauf bedacht, die Bedürfnisse der Verbraucher zu verstehen. Sie waren sehr gut in den Grundlagen: die Menschen zu verstehen, die sie bedienen, sicherzustellen, dass die Qualität der Produkte ihren Erwartungen entspricht, und gleichzeitig dafür zu sorgen, dass die Auswirkungen des Unternehmens auf die Umwelt und die Gesellschaft verstanden werden."

Als Beispiel führt sie ein brasilianisches Programm an, das es jungen Erwachsenen mit Down-Syndrom ermöglicht, halbtags zu arbeiten und die andere Hälfte in einer Sonderschule zu verbringen, damit sie sich besser in die Gesellschaft integrieren können.

Initiativen wie diese erinnerten sie an ihren Vater: „Er war immer sehr präsent in der Gemeinschaft, unterstützte Waisenkinder oder Bedürftige in der Nähe seiner Restaurants", sagt sie.

Aber auch hier zog sie weiter, in Richtung Konsumgüter, und ging zu Kraft Foods, kurz nach der Übernahme von Nabisco.

Diese Fusion schuf einen Schmelztiegel der Kulturen, ohne dass ein einziger Ansatz vorherrschen würde – noch nicht.

Was für eine Chance.

„In diesem Unternehmen habe ich gelernt, schnell innovativ zu sein und Dinge mit großartigen Marken auf den Markt zu bringen. Es war sehr schnelllebig und voller Möglichkeiten. Es war wunderbar. Aber es war auch anstrengend."

Für jeden, der viel Zeit in einem großen Unternehmen verbracht hat, mag dieses schnelllebige, agile Umfeld unplausibel erscheinen. Große Unternehmen sind notorisch anfällig für schleppende Veränderungen. Patricia argumentiert jedoch, dass es in hohem Maße ein Produkt dieses besonderen Moments war: Kraft selbst war immer noch im Besitz von Philip Morris, das vor allem als Tabakunternehmen bekannt ist. Die Nabisco-Leute mussten sich sowohl auf die Übernahme als auch auf einen Umzug von Rio de Janeiro in den Süden Brasiliens einstellen.

„Es war auch ein Unternehmen, das von jungen Leuten dominiert wurde, die etwas leisten wollten und sehr wettbewerbsorientiert waren", erinnert sie sich. „Und der Markt wuchs. Es ist wunderbar, in wachsenden Märkten zu sein. Wenn man schläft und nichts tut, wird man vielleicht fünf Prozent wachsen, und wenn man nicht schläft und viel tut, wächst man vielleicht zehn Prozent."

Brasilien öffnete sich damals wirtschaftlich, was sie als großen Moment für Innovationen bezeichnet.

„Es war klar, dass die Gelegenheit da war“, erinnert sie sich. „Wenn man nichts unternimmt, wird es jemand anderes tun. Es ist also nicht so, als würde die Gelegenheit dort sitzen und auf dich warten.“

Ein Umzug nach Europa zerstörte jedoch diese gemütliche Welt.

„Wenn man dort schläft und nichts tut, fällt man um zehn Prozent. Und wenn man wie ein Pferd arbeitet, ist man vielleicht sogar quitt.“ Zumindest war das ihre anfängliche Wahrnehmung, als sie in einer globalen Rolle in Großbritannien landete.

Doch nun arbeitete sie für Unilever, was an ihre Zeit bei Johnson & Johnson erinnerte. Während dieses Unternehmen in Sachen Nachhaltigkeit eine Vorreiterrolle einnahm, dachte Unilever über Vielfalt und Inklusion nach. Sie erinnert sich gerne an die Gelegenheit, an wirklich weltweit führenden Marken zu arbeiten und neue Initiativen zu entwickeln. Und obwohl sie zugibt, dass das Unternehmen in letzter Zeit einige schwierige Presse hatte, ist ihr klar, dass sie das Unternehmen immer noch mag, das sie vor sechs Jahren verlassen hat.

„Ich habe mich nie in einer Position befunden, in der ich etwas tun musste, zum Beispiel für Nachhaltigkeit, weil ich einen Bonus wollte“, sagte sie. „Es gab eine innere Überzeugung, dass es getan werden musste, verwurzelt in der Vision des Gründers. Das kann ein wunderbarer Katalysator für Veränderungen sein.“

Unilever bleibt der Vision von William Lever verpflichtet, hat viele seiner Reden digitalisiert und online verfügbar gemacht. Für Patricia kann eine klare, vom Gründer geleitete Vision im besten Fall den Wandel beflügeln, im schlimmsten Fall aber auch verhindern. Während ihrer Zeit bei Heineken gab es zum Beispiel die überkommene Weisheit, dass Biermarken niemals Sponsoren von Autorennen werden oder ein alkoholfreies Bier auf den Markt bringen würden. „Das kam nicht von den Gründern", sagt sie. Jetzt ist Heineken 0.0, eine alkoholfreie Biermarke, ein Erfolg und Heineken bleibt ein wichtiger Sponsor der Formel 1.

„Es stimmt mit der Botschaft überein, dass man niemals Auto fährt, wenn man trinkt – und sie nutzen Formel-1-Fahrer, um die Botschaft auf wirklich ansprechende Weise zu vermitteln. Ich bin mir sicher, dass es intern zahlreiche Debatten hinter verschlossenen Türen gab, bei denen Leute sagten, dass dies im Widerspruch zu dem steht, was uns unsere Führungskräfte in der Vergangenheit gesagt haben", sagt sie. „Aber man kann sich nicht aussuchen, wo man innovativ oder konservativ sein will. Entweder man ist seiner Zeit voraus, oder man ist es nicht."

Es überrascht vielleicht nicht, dass sie in einigen Aspekten des Sprachgebrauchs sehr genau ist. Sie weist darauf hin, dass der Nachteil einer Abteilung mit dem Namen „digital" darin besteht, dass sie alles andere implizit als „analog" definiert.

„Wir müssen uns bewusst sein, dass das, was wir kommunizieren, mit der Zeit zur Realität wird, und das ist es, woran sich die Leute orientieren werden. Wenn man ständig kommuniziert, dass man innerhalb der Markenteams ‚digital' braucht, kommuniziert man auch, dass alles andere nicht digital ist."

Und das zählt in ihrem aktuellen Job bei Bayer, der Marketing und Digital verbindet. „Es ist wunderbar und erfrischend, weil die Person vor mir nicht die Verantwortlichkeiten des Digital Officer hatte. Also hatte ich die Gelegenheit, bei null anzufangen, was im Marketing ungewöhnlich ist."

Sie schlägt vor, dass ein inkrementeller Ansatz für die digitale Transformation der richtige Weg nach vorne sein kann, weil er dazu beiträgt, Menschen zu inspirieren, sich mit auf die Reise zu begeben. Anstatt sich auf den Aufbau eines Imperiums zu konzentrieren, indem man erst das Personal und dann die Struktur aufbaut und erst dann mit der Umsetzung beginnt, fängt man schnell und klein an und baut von dort aus weiter.

„Wir machen das sozusagen im Vorbeigehen", sagt sie, „weil damit auch die Motivation des Teams und das Engagement der Abteilung einhergehen. Wenn die Leute sehen, dass etwas passiert, muss man nicht so hart kämpfen, um die nötigen Ressourcen zu bekommen, die man nicht schon hat."

Wenn man mit einer guten Grundlage beginnt, entwickeln sich die Dinge von selbst. Und die Grundlage, die sie geschaffen hat, ist das Mantra, die Wissenschaft hinter der Produktpalette zu vermenschlichen.

„Wir haben wunderbare Menschen, durch unsere Korridore laufen Nobelpreisträger, aber wenn niemand davon weiß, tun wir unsere Arbeit nicht, den Menschen zu helfen, und diesen Luxus haben wir im Gesundheitswesen nicht."

Es gebe ein starkes Verantwortungsbewusstsein, das mit der Arbeit im Bereich Verbrauchergesundheit einhergeht, fügt sie hinzu, da man Menschen befähigt, sich selbst um ihre Gesundheit zu kümmern. Und das beginnt bei der Grundlage, bei der Wissenschaft.

„Die Leute haben sich nicht mit Wissenschaftlern beschäftigt. Wenn dem so wäre, hätten wir Shows namens *Keeping Up With The Scientists,* nicht *Keeping Up With The Kardashians.* Die Leute kennen die Namen von ihnen allen, aber sie wissen nicht, wer den Impfstoff erfunden hat, der das Leben ihres Kindes gerettet hat." Mit Covid-19 hat sich das geändert, und es gibt nun einige Rockstars der Wissenschaft. Patricia sieht es als ihre Aufgabe an, sie im Rampenlicht zu halten und sie nicht einfach in Vergessenheit geraten zu lassen, wenn die Pandemie vorüber ist.

„Kurz gesagt sind es die langweiligen Basics, die Basics, die niemand gerne macht, die unsexy sind. Es ist kein NFT. Niemand kommt zu dir und sagt: ‚Bitte gib mir eine solide Grundlage.' Sie wollen Innovation, sie wollen alles tun, was im Marketing gerade in Mode ist."

Es geht ihr eindeutig nicht um die auffälligen, schlagzeilenträchtigen Initiativen. Stattdessen sieht sie Wert in den Daten und dem Verständnis, wo ein ungedeckter

Bedarf besteht, beispielsweise für jemanden mit einer schweren Allergie. Und dann muss man wissen, wo diese Menschen sind, wie man sie mit dem richtigen Produkt erreicht und mit welcher Botschaft man sie anspricht.

„Es hat keinen Sinn, mit Menschen zu sprechen, die nicht schwanger sind und keine Kinder wollen, wenn man Vitamine und Nahrungsergänzungsmittel hat, von denen wir wissenschaftlich bewiesen haben, dass sie die Wahrscheinlichkeit verringern, dass ein Baby mit Geburtsfehlern geboren wird."

Die Daten müssen in einer Sprache formuliert sein, die mit den Zielen des Marketings übereinstimmt.

„Manchmal ist die Lösung das Produkt", sagt sie, „und manchmal ist die Lösung das Produkt plus Dienstleistungen. Und der Service kann zum Beispiel Bildung sein."

In den frühen Tagen der Pandemie, als es noch keine Impfstoffe gab, gab es vier Möglichkeiten, Immunität aufzubauen:

- Schlaf
- Bewegung
- gesunde Ernährung
- Vitamine

Als erstes Unternehmen, das Vitamin C synthetisiert hat, ist es Patricia zufolge die Aufgabe von Bayer, die Verbraucher aufzuklären. Wenn es das nicht tut, verpasst es eine

Purpose: der Grund für die Existenz eines Unternehmens, der als Grundlage für das Marketing verwendet wird; wird heute häufig als bestimmender Teil des Markenauftritts eines Unternehmens verwendet und schließt Themen wie Nachhaltigkeit und soziale Verantwortung von Unternehmen ein

Gelegenheit sowohl für das Unternehmen als auch dafür, Menschen durch eine schwierige und dunkle Zeit zu helfen, meint sie.

„Ich bin sicher, dass es in Ihrem Buch viele Marken mit Purpose geben wird", sagt sie. „Aber wenn es um Gesundheit geht, findet man selten eine Marke, die keinen Sinn hat." Sie weist darauf hin, dass viele von ihnen gegründet wurden, um sich mit sehr spezifischen Problemen zu befassen, von Kriegsverletzungen bis hin zu Mangelernährung. Es gibt eine gewisse Zurückhaltung im Bereich Verbrauchergesundheit, über Marken und den Nutzen, den sie stiften, zu sprechen – eine Zurückhaltung, die sie ganz sicher nicht teilt.

Was braucht der CMO der nächsten Generation ihrer Meinung nach also?

„Nun, man muss wirklich etwas bewegen wollen. Vielleicht nicht wie Apple eine Delle ins Universum schlagen, aber zumindest eine Community positiv beeinflussen. Begeisterung ist auch wichtig. Man muss in der Lage sein, die Menschen auf diese Reise mitzunehmen."

Die Fähigkeit, Menschen innerhalb und außerhalb des Unternehmens zu beeinflussen, ist ihrer Meinung nach entscheidend.

„Wenn Sie Ihre Leute intern nicht überzeugen können, wie wollen Sie dann die Menschen außerhalb überzeugen? Wenn Sie die Leute nicht überzeugen können, die ihren monatlichen Gehaltsscheck auf der Basis der Tatsache erhalten, dass wir dieses Geschäft vorantreiben, stellen Sie sich vor, wie begrenzt Ihre Fähigkeit ist, Leute zu überzeugen, die kein eigenes Interesse daran haben, wie hoch Ihr Aktienkurs sein wird."

Um herauszufinden, wie man diese Kreativität und diesen Einfluss intern entfesseln und Menschen dazu ermutigen kann, Risiken einzugehen, wurde ein internes Programm mit dem passenden Namen „Creative Unleash" ins Leben gerufen. Agenturen können ihr Ideen vorschlagen, und wenn sie davon begeistert ist, wird sie die Hälfte der Kosten für die Initiative mit der jeweiligen Region teilen. Sie werden so zu Partnern im Risiko.

„Und wir testen nicht. Wir machen keine Tests. Wir lassen nicht zu, dass die Verbraucherforschung die Entscheidung für uns trifft, aber sie müssen verstehen, dass ich natürlich auch das Risiko mittrage, wenn ich das tue. Wenn etwas schiefläuft. Auch dafür bin ich verantwortlich."

Das ist Führen durch Engagement – und Einfluss. Ist das also die Blaupause für den CMO-Erfolg von heute?

„Es gibt kein Rezept oder eine Blaupause dafür, was ein CMO ist. Ich kann Ihnen garantieren, dass meine Stellenbeschreibung anders ist als die des CMO von Unilever, der anders ist als der CMO von Burger King, der anders ist als … Diese Fähigkeit, durch Einfluss und nicht nur durch Handeln zu führen, ist allerdings eines der Dinge, die ich bei den besten CMOs finde."

Sie schätzt auch diejenigen, die sowohl international gelebt als auch gearbeitet haben.

„Das bedeutet, dass sie die Fähigkeit gezeigt haben, sich anzupassen und zu lernen. Vielleicht ein Sinn für Lernfähigkeit. Wenn man in ein Land zieht, dessen Sprache man nicht spricht, das eine andere Kultur, eine andere Religion und Menschen hat, die anders aussehen als man selbst, passt das sehr gut zu Werten wie Mut, Neugier und so weiter. Das sind Fähigkeiten, die gut zusammenspielen."

Aber es gibt auch eine subtilere Eigenschaft, die sie sucht: das, was sie „wertebasierte Menschen" nennt. Sie deutet vorsichtig an, dass die CMO-Rolle in Verruf geraten ist, weil es zu viele Leute gibt, die sich auf das Rampenlicht konzentriert haben und selbst zu leuchtenden Marketingstars geworden sind.

„Deshalb ist es wichtig, Menschen mit einer ausgewogenen Ansicht darüber zu haben, dass das, was sie tun, positive Auswirkungen auf die Menschen, die Gesellschaft und das Unternehmen haben sollte. Die Leute können die Branche erlernen, aber sie müssen diese Qualitäten in sich haben."

Und Neugier und Anpassungsfähigkeit werden in den kommenden Jahren noch wichtiger werden.

„Ich denke, die Welt wird immer schwieriger zu navigieren als je zuvor. Als ich vor 25 Jahren in diesem Metier anfing, waren wir immer sehr froh, wenn wir eine Kampagne hatten, die TV, Kino, Outdoor, vielleicht Radio oder eine Zeitschrift umfasste. Wenn wir vier davon oder drei davon hatten, war es ein wunderbarer Tag im Paradies."

„Und es gab keine Diskussion über den Purpose. Über Nachhaltigkeit wurde nicht diskutiert. So etwas gab es nicht. Sie wissen schon, unternehmerische Verantwortung. Wenn man jetzt an die Komplexität denkt, mit der wir heute in Bezug auf Kanäle, Zweck und Nachhaltigkeit konfrontiert sind, mache ich mir Sorgen, dass sich einige Leute dabei verlieren, sich durch die lange Liste von Ideen zu arbeiten, anstatt zu verstehen, welche Rolle sie als Treiber von Veränderungen spielen."

Für Patricia besteht ein enormer Unterschied zwischen der Aufforderung, etwas für die Umwelt zu tun, und der Aufforderung an die Menschen, etwas zu tun, was sich positiv auf die Umwelt auswirkt, und es dann auch zu tun.

„Das Erste fühlt sich wie eine Last an", sagt sie. „Das Zweite fühlt sich an, als würde sich die Welt für dich öffnen."

Es ist der Unterschied zwischen Diktieren und Inspirieren. Und das ist eine starke Grundlage für das Marketing des 21. Jahrhunderts.

Takeaways

① Die besten CMOs sind auch interne Influencer.

② Bei der Aktivierung Ihres Teams geht es mehr um Inspiration und Vertrauen als um Befehle.

③ Daten können eine großartige Quelle für Marketingeinblicke sein: Sie ermöglichen es Ihnen, die brachliegenden Bedürfnisse Ihres Publikums zu finden.

④ Bei einer Transformation führen kleine, schnelle und inkrementelle Veränderungen langfristig zu großen Ergebnissen.

⑤ Die Grundlagen sind die heimlichen Helden des Markenaufbaus.

138

John Schoolcraft — Global Chief Creative Officer, Oatly AB

„Wir tun Dinge, die normale Unternehmen niemals tun würden.“

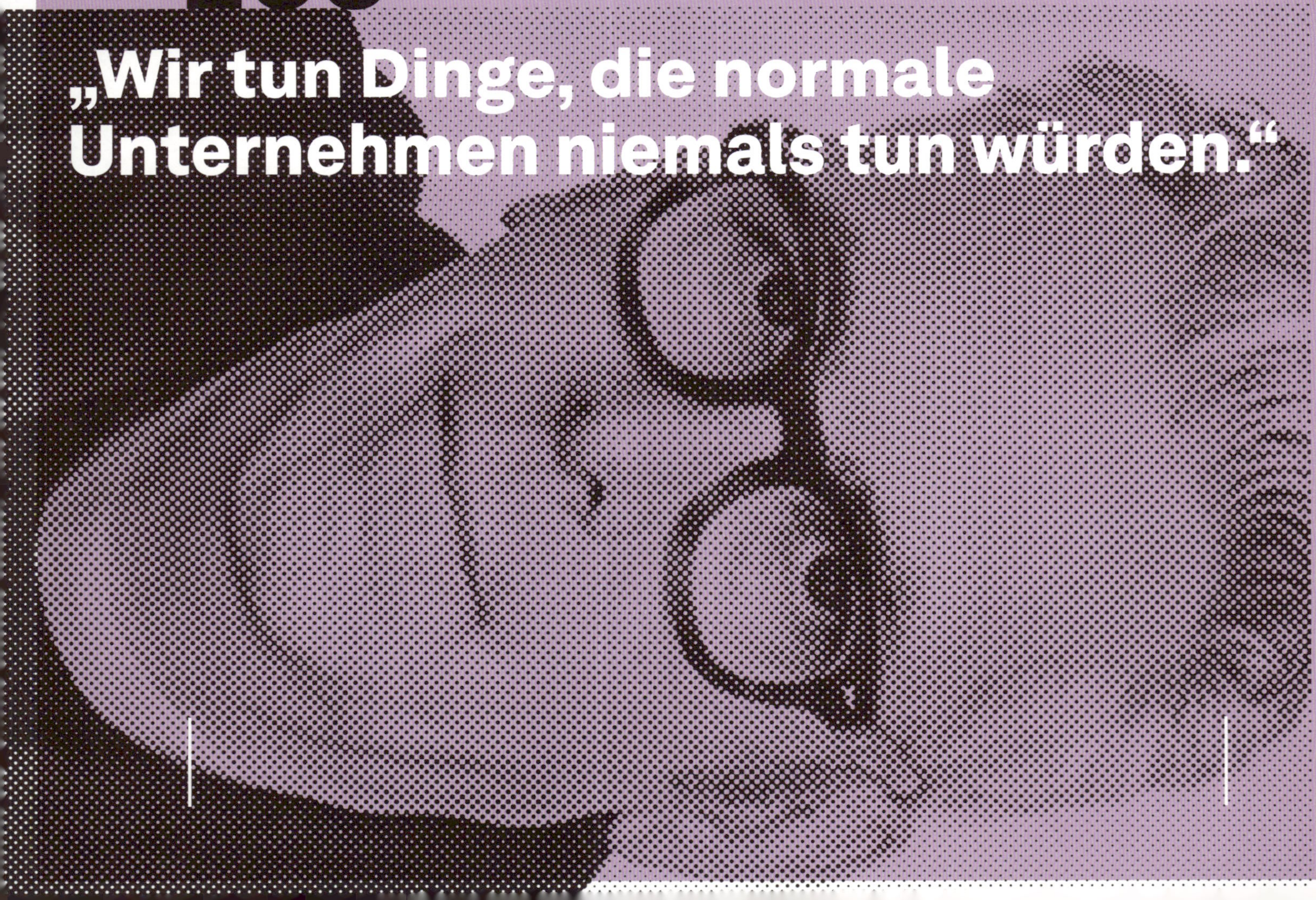

John Schoolcraft

Global Chief Creative Officer, Oatly AB

— Geboren in Idaho, aufgewachsen in Seattle in einer Zeit lange vor Grunge
— Hat alle möglichen seltsamen Jobs gemacht, unter anderem als Wachmann für Alice Cooper
— Begann für eine Wirtschaftszeitung zu schreiben, entdeckte aber bald das Werbetexten für sich
— Arbeitete für eine Reihe von Agenturen, bevor er zu Oatly kam

John Schoolcraft ist der Ansicht, dass das Modell der Beziehung von Agentur und Kunde grundlegend gestört ist. Als er 2012 zu Oatly kam, hat er deshalb die Marketingabteilung abgeschafft. Er sagt oft, nur halb im Scherz, dass seine Motivation darin bestand, es all den Marketingdirektoren heimzuzahlen, die seine beste Arbeit ruiniert hatten. In seiner heutigen Funktion ist er nicht CMO, sondern Chief Creative Officer, und Oatly hat überhaupt keinen CMO. Stattdessen leitet er ein Team von Kreativen im Unternehmen selbst.

Für das 2014 eingeführte Rebranding von Oatly arbeitete John mit der schwedischen Agentur Forsman & Bodenfors und ihrem Creative Director Martin Ringqvist zusammen, der später als Executive Creative Director zu Oatly kam, sowie mit Lars Elfman, der inzwischen als Global Design Director bei Oatly tätig ist. Dies war jedoch kein typisches Agentur-Kunden-Setup. Stattdessen arbeiteten die Kreativen als vollständig integrierte Teams.

„Unsere Beziehung war überhaupt nicht wie zwischen Agentur und Kunde", beschreibt John ihre damalige Arbeitsweise. „Ich bin einfach nach Göteborg gefahren und wir drei haben so lange gearbeitet, bis wir dachten, wir hätten etwas, das Weltklasse ist. Es gibt keine Präsentation, kein Verkaufen. Wir haben einfach zusammengearbeitet. Martin und Lars waren wie ein Teil von Oatly, obwohl sie bei Forsman & Bodenfors waren. Wenn sie in unsere Büros in Malmö kamen, hatten sie Zugang zu all unseren Unterlagen, all unseren Budgets, und sie konnten Meetings buchen und mit jedem sprechen, mit dem sie wollten. Volle Transparenz."

Oatly nennt seine hauseigene Agentur „The Oatly Department of Mind Control". Mit den Händen fest am Steuer genießen Kreative die volle Kontrolle über jeden Berührungspunkt zwischen Marke und Konsument und haben gleichzeitig viel kreative Freiheit. So hat Toni Petersson das Unternehmen aufgestellt, nachdem er 2012 die Geschäftsführung von Oatly übernommen hatte. Damals gab es den Hafermilchhersteller bereits fast zwei Jahrzehnte.

Vor dem Relaunch sah und fühlte sich die Marke Oatly wie ein niederländischer multinationaler Konzern an, obwohl sie ein Pionier für pflanzliche Milchalternativen war. Heute ist es eine Lifestyle-Marke in dem Sinne, dass sie in das Leben ihrer Kunden passt. Der Erfolg ihres Marketings führte zu einem enormen Wachstum, einem Börsengang im Mai 2021 und einem Umsatz von 643 Millionen US-Dollar im Jahr 2021. Im Jahr 2020 zog Oatly einige Kritik auf sich, weil Blackstone als Investor an Bord kam. Mitte 2021 lag die Marktkapitalisierung bei rund zehn Milliarden US-Dollar. Im April 2022 waren es weniger als drei Milliarden Dollar.

Im Januar 2021 schaltete Oatly seine erste Super-Bowl-Werbung. Sie hatten das Geld, um den Slot zu kaufen – aber nicht, um einen Spot im Super-Bowl-Stil zu drehen. Also wiederholten sie einen alten Werbespot, der den CEO zeigt, wie er inmitten eines Haferfeldes in Schweden einen selbst geschriebenen Song singt mit Texten wie „Wow no cow", ein Slogan, den Oatly oft verwendet. Angeblich war Petersson in seiner Jugend (kurzzeitig) ein Popstar in Japan. Sehr bald hatte der Werbespot den Ruf, die schlechteste Super-Bowl-

[1] — Schoolcraft, John (2021). Nine years without a marketing department. How stupid is that? OnBrand, June 2021.

Werbung zu sein, die viele Fernsehzuschauer je gesehen hatten. Oatly hatte sogar 500 kostenlose T-Shirts mit der Aufschrift „I Totally Hated That Oatly Commercial“ vorbereitet, die während des Super Bowl innerhalb von drei Minuten vergriffen waren.

„Wir hatten die Absicht, entweder der schlechteste oder der beste Super-Bowl-Spot aller Zeiten zu sein, und wir haben für beides Schlagzeilen bekommen“, erinnert sich John. „Es gab genauso viele Leute, die ihn als einen der besten aller Zeiten bezeichneten.“

John sieht die Rolle der Kreativabteilung darin, Oatly unkopierbar zu machen. Aus seiner Sicht bringt die Abschaffung der Marketingabteilung in einem Unternehmen eine Reihe von Vorteilen mit sich. Erstens entfällt dadurch die Notwendigkeit des Briefings. „Alle Ihre Kreativen sind immer auf dem neuesten Stand“, erklärt er. „Sie interagieren mit allen anderen im Unternehmen.“ Bei Oatly schafft dies eine Kultur der Zusammenarbeit und des Vertrauens. Zweitens können sich die Kreativen voll und ganz auf die Details konzentrieren, um Weltklasse zu sein – und müssen ihre Zeit nicht damit verbringen, zum Beispiel darüber zu diskutieren, was der CEO denken könnte. **[1]**

In den meisten Unternehmen interagiert der Marketingleiter mit einer Reihe von Agenturen für Werbung, PR, Events, Media oder Social Media und sorgt so für ein ständiges Hin und Her von Briefings, Studien zur Markenbekanntheit, Zielgruppenbefragungen, Ideenpräsentationen, Freigaben und so weiter. Laut John gibt es bei Oatly nichts von alledem.

Die Kreativabteilung entscheidet über Strategie, kreativen Ansatz und Umsetzung und gibt die Idee frei, wenn sie sie für ausgereift hält. Um dies tun zu können, steht sie in ständigem Austausch mit Vertrieb, Innovation, Produktentwicklung, Beschaffung und Produktion, Personalwesen und Finanzabteilung.

„Wir müssen nichts mehr für interne Präsentationen erstellen", betont John. „Wir können Sachen für echte Menschen machen, nicht für Tabellenkalkulationen oder Investoren-Decks." **[1]** Oatly ist ein Unternehmen mit einer starken Meinung darüber, was in der Lebensmittelindustrie falsch läuft, mit der Wirtschaft im Allgemeinen und im Kapitalismus.

Und es hält sich nicht zurück: Es teilt seine Ansichten umfassend und offen. So finden Verbraucher die Meinung von Oatly direkt auf der Produktverpackung. „Damit werden nicht alle glücklich sein. Aber das ist uns egal." Aus Johns Sicht ist es das, was Oatly menschlich macht und nicht zu einem Logo.

In Schweden muss Oatly den sogenannten Milchkrieg mit den großen Molkereiunternehmen ausfechten. Im Jahr 2019 startete Arla eine Kampagne, die pflanzliche Getränke wie Oatly aggressiv abtat und sogar Namen wie *brölk* oder *pjölk* für Produkte erfand, die als minderwertig gelten sollten gegenüber Milch, die auf Schwedisch *mjölk* heißt. Oatly nahm den Fehdehandschuh auf, registrierte diese Namen und brachte sie auf seinen Verpackungen an, sattelte also quasi huckepack auf die Kampagne von Arla auf.

„Ich habe die Werbebranche geliebt und gleichzeitig gehasst. Ich hasste die Unsicherheit der Kunden.“

agil: ein iterativer Ansatz für die Softwareentwicklung, der verwendet wird, um auf Veränderungen zu reagieren; wird auch in anderen Kontexten eingesetzt, zum Beispiel im Marketing

Das Ziel des Unternehmens ist es, Menschen dazu zu inspirieren, ihr Leben zu verändern, den gesellschaftlichen Wandel voranzutreiben und auf diese Weise seine Produkte zu verkaufen. „Wir tun Dinge, die normale Unternehmen niemals tun würden", rühmt sich John. Einmal verschenkte er persönliche Dinge, wie ein Fahrrad und alte Ausgaben von *National Geographic,* durch Botschaften auf der Innenseite von Verpackungskartons.

Die Markenpositionierung von Oatly ist eindeutig die einer Herausforderermarke und eines schnell wachsenden Unternehmens. Als solches kann es sich eine spitze Positionierung leisten, die einige potenzielle Kunden ärgert oder beleidigt. John unterteilt die Geschäftswelt einerseits in gute vs. böse und andererseits in verängstigte vs. furchtlose Unternehmen. Oatly strebt danach, so gut wie möglich und gleichzeitig so furchtlos wie möglich zu sein.

Aber abgesehen von der Positionierung, ist der organisatorische Ansatz von Oatly – das Abschaffen der Marketingabteilung – für etablierte, traditionelle Marken machbar? John benutzt das Wort „agil" nicht, aber seine Praxis folgt agilen Prinzipien. Die agile Bewegung, die ihren Ursprung in der Softwareentwicklung hatte, hat sich inzwischen auf andere Disziplinen ausgeweitet und die Start-up-Szene tief durchdrungen. Oatly nutzte erfolgreich das Start-up-Drehbuch, um seinen kometenhaften Aufstieg zu meistern. Obwohl es bereits seit fast zwei Jahrzehnten existierte, als Petersson und Schoolcraft es übernahmen, war es damals noch ein relativ kleines Unternehmen.

Größe ist hier jedoch nicht der entscheidende Faktor. Es ist Angst, oder besser gesagt ihr Fehlen, die die Stärke der Marketingstrategie von Oatly ausmacht. Für die meisten etablierten Unternehmen treibt die Angst vor Risiken die Kosten der Risikovermeidung in die Höhe. Furchtlos zu sein wäre viel zu riskant. Daher entwickeln etablierte Unternehmen alle möglichen Kontrollmechanismen, Prozesse und Verfahren, um Risiken in Schach zu halten. Ein integrierter Ansatz, bei dem die Arbeit von Kreativagenturen nach innen verlagert wird oder maßgeschneiderte Agenturen eingerichtet werden, ist dann immer noch möglich und kann durchaus helfen, Bürokratie und Overhead zu reduzieren. Aber er wird keine Furchtlosigkeit erzeugen.

Bevor er zu Oatly kam, war John bereits ein erfahrener Kreativer mit einer fast zwei Jahrzehnte langen Karriere in der Agenturwelt. Da er für Kunden wie IKEA, Sony, McDonald's, Carlsberg, Audi und Volkswagen gearbeitet hatte, kannte er die Beziehung zwischen Agentur und Kunde von der einen Seite des Tisches aus, bevor er auf die andere wechselte. „Ich habe die Werbebranche geliebt und gleichzeitig gehasst. Ich hasste die Unsicherheit der Kunden."

Zwischendurch gründete er seine eigene Agentur in Spanien. Damals dachte er, das Problem seien die Account-Manager. Also hatte er keine. „Und dann wird dir klar, wow, als Kreativer musst du jetzt der Account-Manager sein, weil jemand mit dem Kunden sprechen muss." Als kreativer Mensch ist John die lebende Antithese des heute üblichen datengesteuerten Marketeers. Aber auch er ist stark auf den

Verbraucher fokussiert. Was er wirklich hasst, sind Overheads und Ablenkungen – Marketingleute, die sich mehr Gedanken darüber machen, was ihren Chef oder den CEO glücklich macht, als darüber, was die tatsächlichen Verbraucher denken.

John strahlt einen rebellischen Geist aus, den er für ein Produkt seiner Kindheit hält. Er landete in der Werbebranche, die an sich schon rebellisch ist, nur um sich dann in der Position eines Rebellen wiederzufinden. Zusammen mit seinem Freund Toni Petersson formte er Oatly zu einem rebellischen Unternehmen um.

Gemeinsam fassten sie den Entschluss, so ziemlich alles zu ändern. Sie wollten den Unternehmergeist zurückbringen, während sie am technischen Know-how festhielten. Also schrieben sie ihre Pläne in ein physisches Buch: das Change Book. Es war ihre Strategie für das Unternehmen – und das haben sie in den ersten 30 Tagen im Unternehmen getan.

Im Kern drehte sich alles um die Stimme.

„Wir sind kein Unternehmen mit einem Logo. Wir sind eine Gruppe von Menschen, die anderen Menschen dabei helfen will, ein paar Entscheidungen in ihrem Leben zu treffen, die gut für ihren Körper und den Planeten sind", sagte er.

„So haben wir geredet. So haben wir gehandelt. Das haben Sie bekommen, wenn Sie uns geschrieben, angerufen oder auf Facebook kontaktiert haben."

[2] — Recke, Martin (2021). The rise of leadership and the demise of management. NEXT Insights.

Purpose: der Grund für die Existenz eines Unternehmens, der als Grundlage für das Marketing verwendet wird; wird heute häufig als bestimmender Teil des Markenauftritts eines Unternehmens verwendet und schließt Themen wie Nachhaltigkeit und soziale Verantwortung von Unternehmen ein

Heute muss sich das Unternehmen trotz seiner kritischen Haltung gegenüber dem Kapitalismus an die Regeln halten, wie John einräumt. „Das heißt nicht, dass wir nicht genauso rebellisch und aktiv sein und nach neuen Wegen suchen können. Es sind die gleichen Leute, die hinter dem Unternehmen stehen und Dinge tun. Das Einzige, das wir anders gemacht haben, ist, dass wir erfolgreich geworden und gewachsen sind.“

Der Umgang mit den Auswirkungen des Wachstums bringt viele organisatorische Probleme mit sich, räumt er ein. „Aber sich treu zu bleiben, konzentriert zu sein, immer eine Stimme zu haben, die weder wankt noch ängstlich ist, die furchtlos ist, für die richtigen Dinge zu kämpfen, den Menschen, die dort arbeiten, und auch den Verbrauchern einen zu Sinn geben, das geht nicht verloren.“ Das Entscheidende ist, einen CEO zu haben, der die Magie dahinter versteht, betont John. Es ist eine Frage der mutigen Führung, nicht so sehr des Managements. **[2]**

Oatly hatte einen klaren Purpose, lange bevor es im Marketing in Mode kam, einen zu haben. Das ist einer der Gründe, warum die Hafermilchmarke zu einer Ikone des modernen Marketings geworden ist. Die Verbraucher von heute verlangen von Marken, mit denen sie interagieren, einen Zweck. „Aber wir haben es nicht getan, um ein Produkt zu verkaufen“, betont er. „Wir dachten nur, es sollte einen sinnvollen Grund dafür geben, sowohl für die Verbraucher, die das Produkt kaufen, als auch für die Mitarbeiter des Unternehmens.“

Takeaways

① Oatly hat die Beziehung zwischen Agentur und Kunde erfolgreich transformiert.

② Die Abschaffung des Briefings kann helfen, eine Menge Overhead einzusparen.

③ Die Unternehmensgröße ist nicht der entscheidende Faktor, wohl aber die Furchtlosigkeit.

④ Es ist entscheidend, einen CEO zu haben, der deren Magie versteht.

150

Lena Jüngst — Co-Founder & Chief Evangelist, air up

„Wie kann man Risiken eingehen, ohne Risiken einzugehen? Das ist Wunschdenken. Wer innovativ sein will, muss Risiken eingehen. Es geht nicht anders.“

Lena Jüngst

Co-Founder & Chief Evangelist, air up

— Aufgewachsen in einer großen Familie mit vielen Geschwistern und starkem Familienzusammenhalt
— Sehr verbunden mit der Natur, insbesondere rund um München
— Fühlte sich schon immer zur Kunst hingezogen und wollte etwas Kreatives studieren
— Studierte Produktdesign in Schwäbisch Gmünd und Lund

[1] — **Schasche, Stefan** (2021). Top-50: Deutschlands stärkste Start-up-Marken. W&V.

Brand ist das größte Schlagwort aller Zeiten. So viele Leute sprechen über Marken, besonders im Marketing. Und doch glaubt Lena Jüngst, dass dies das am meisten unterschätzte Thema in der deutschen Unternehmenswelt ist: „Ich denke, dass Start-ups oft aus Versehen eine gute Marke entwickeln", sagt sie.

Das gilt allerdings nicht für ihr eigenes Start-up, das sie in ihren Zwanzigern mitgegründet hat. air up produziert ein innovatives Trinksystem, das Wasser durch Duft aromatisiert – ohne Zucker oder künstliche Inhaltsstoffe. Möglich machen das sogenannte Aroma-Pods, die auf die Flasche gesteckt werden, und dann beginnt der Zauber: Sobald man durch den Strohhalm trinkt, zieht man mit dem Wasser auch aromatisierte Luft in den Mund und anschließend in den Rachenraum.

Von dort aus setzt das psychologische Phänomen des „retronasalen Riechens" ein, die Aromamoleküle gelangen in unser olfaktorisches System und werden als Geschmack wahrgenommen. Kurz gesagt, unser Gehirn denkt, dass wir Kirsche, Limette oder Apfel schmecken, aber wir trinken tatsächlich reines Wasser. air up hat über 25 dieser Aroma-Pods im Portfolio, um das bestmögliche Sortiment für Verbraucher zu bieten, die mehr Abwechslung und Spaß beim Wassertrinken wünschen.

Im Jahr 2021 belegte air up den ersten Platz in einem Markenranking der Top-50-Start-ups in Deutschland. **[1]** Das Ranking attestiert air up ein starkes Branding und Design in einem Markt, der von großen Getränkemarken dominiert wird. Obwohl die Markenbekanntheit von air up noch nicht sehr hoch ist, konnte das Unternehmen in wichtigen Punkten wie Nachhaltigkeit, Einzigartigkeit und Innovation punkten.

Wenn man Lena zuhört, versteht man, dass das kein Zufall war. Ironischerweise räumt sie ein, dass air up am Anfang auch ohne Marke erfolgreich gewesen wäre. Es war und ist ein innovatives, ungewöhnliches Produkt, und das allein reichte aus, um die Neugier der Menschen zu wecken. Aber dieser Effekt lässt mit der Zeit nach, und selbstredend ist Neugier kein Rezept für dauerhaften Erfolg. Das ist der Moment, in dem die Marke relevant wird. Der schwierige Teil besteht dann darin, diese Marke auf ein neues Niveau zu heben, sie groß zu machen und skalierbar aufzubauen.

„Wenn dieser anfängliche Hype weg ist, passen viele Start-ups ihre Preise an, aber das ist auch nicht nachhaltig. Dann kommen die Rabattcodes."

Sie hat schon oft mit Leuten über Branding gesprochen, die letztlich keinen Plan hatten. „Sie sagen, lasst uns eine Marke aufbauen. Und wie willst du das machen? Wir machen irgendwie ein cooles Logo. Und dann bringen wir schöne Fruchtbilder auf unsere Verpackungen und dann ist es eine Marke. Aber das ist keine Marke. Wir können es so machen, aber es wird nicht den Unterschied bringen."

In Lenas Familie prallen zwei Seiten aufeinander. Die eine Seite ist extrem künstlerisch, die andere der klassische deutsche Beamtentyp. Sie fühlte sich schon immer zu den Künsten hingezogen und wollte etwas Kreatives studieren.

„Ich habe viel gezeichnet, es hätte mir total Spaß gemacht. Es gab die Möglichkeit, Kunst zu studieren. Aber das war zu abstrakt, und ich wollte ein Handwerk lernen. Grafikdesign war meine erste Wahl, dann kam ich zum Produktdesign, was ich super spannend fand. Die Kombination aus Handwerk und Kreativität, mit einem Produkt am Anfang zu stehen und auf kreative, innovative Weise eine Lösung für ein Problem finden zu müssen, das reizt mich immer noch am meisten."

Sie studierte an der Hochschule für Gestaltung in Schwäbisch Gmünd, die sich als Schule in der Bauhaus-Nachfolge versteht, mit dem ausgeprägten Verständnis, dass beim Design „form follows function" gilt.

„Das hat mich manchmal etwas eingeschränkt, aber andererseits finde ich es immer noch bewundernswert, dass sie den Studenten vermittelt haben, dass man bestimmte Ideale und Werte in seine Arbeit einbringen kann und sollte."

Die Universität Lund, an der sie ein Auslandssemester verbrachte, ist bekannt für ihre enge Verbindung zu IKEA, entwickelt daher viele Möbel und bringt viele Möbeldesignideen hervor. Als gelernte Produktdesignerin hat Lena ein klares Verständnis für das sensible Zusammenspiel von Produkt und Marke. Über das Produktdesign kam sie zum Thema Markenaufbau.

„Als ich die Verpackung entworfen habe, ging es darum, wie wir unsere Grafik gestalten, wie wir kommunizieren wollen, wofür wir als Marke stehen, wen wir ansprechen wollen und welche positive Wirkung wir in die Welt bringen wollen." Darüber hinaus übernahm sie Kommunikation und PR, weil dies ebenfalls eng mit Markenaufbau verbunden ist.

Das dritte Thema – ihr Lieblingsthema – ist die Produktvision. „Ich denke darüber aus der Perspektive des Unternehmens und der Marke nach. Wo kann es in Zukunft hingehen? Wir gehen jetzt sozusagen aus Produktsicht die nächsten logischen Schritte. Und dort sind auch die Teams. Aber diese Vision aufzubauen – Wo könnte die Reise noch hingehen? Was würde aus verschiedenen Perspektiven Sinn ergeben? Wo ist das Potenzial? –, das ist es, was ich herauszufinden helfe."

Heute ist die größte Käufergruppe von air up die Gen Z, die junge Generation zwischen 18 und 25 Jahren. Sie wissen sogar, dass sie eine starke Käuferschicht haben, die jünger als 18 Jahre ist, auch wenn es dazu keine konkreten Daten gibt.

„Der Grund, warum sie uns kaufen, ist, dass unser Produkt einen verantwortungsvollen Konsum mit einem guten Erlebnis- und Convenience-Faktor verbindet, was normalerweise unmöglich erscheint. Ich denke, es gibt ein unglaubliches Potenzial für die Produktentwicklung in der Zukunft, die Bedürfnisse der Verbraucher mit dem zu verbinden, wie wir heute Produkte mit einem stärkeren Verantwortungsbewusstsein entwickeln sollten."

Aber sie meint auch, dass die Technologie, die air up entwickelt hat, Geschmack durch Duft, bis jetzt nur an der Oberfläche gekratzt hat. „Es gibt noch unglaublich viel Potenzial. Aber die langfristige Vision ist es, neue Produkte für eine neue Generation zu entwickeln." Als Leitprinzip verwendet Lena den Ansatz des Life-Centered Design. Sie hat den Begriff erst vor ein paar Jahren entdeckt und festgestellt, dass er gut beschreibt, was wir heute von der Produktentwicklung erwarten können.

Life-Centered Design berücksichtigt die Bedürfnisse der Konsumenten, aber anders als Customer Centricity oder Human-Centered Design auch die Auswirkungen, die das Produkt letztlich auf Umwelt und Gesellschaft hat. Human-Centered Design hat ihrer Ansicht nach dazu geführt, dass Produkte immer Convenience-orientierter werden. Die Wahlmöglichkeiten der Verbraucher haben dramatisch zugenommen, sodass es zig Millionen Variationen einzelner Produkte gibt. Das schafft Umweltprobleme und führt dazu, dass wir viele Dinge tun, die für uns selbst nicht mehr unbedingt gesund sind.

Lena hält Life-Centered Design für einen viel zeitgemäßeren Ansatz zur Produktentwicklung, da der größte Hebel am Ursprung des Produkts liegt. Doch bei ihren Praktika während des Studiums stellte sie fest, dass Produktdesigner normalerweise nicht die Entscheidungsgewalt haben, diesen Hebel in Bewegung zu setzen. Es gibt ein finanzielles Konzept, und gewisse Rahmenbedingungen sind so stark ausgearbeitet, dass die Kreativen nur einen engen Rahmen haben und nicht viel ändern können.

„Man kann höchstens noch ein bisschen versuchen, über das Material zu entscheiden. Aber wenn die Herstellung auch nur einen Cent mehr kostet, dann wird das Konzept leider gekippt. Ich glaube, das entspricht einfach nicht mehr unserer Zeit."

Lena räumt gerne ein, dass es unglaublich komplex ist, lebenszentrierte Designprinzipien in die Praxis des Produktdesigns umzusetzen. Am Anfang muss man Produkte auf Grundlage von Hypothesen entwerfen. Im Fall von air up kann man jetzt mit einem Pod fünf Liter Wasser aromatisieren, was deutlich weniger Plastik bedeutet, als wenn man andere aromatisierte Getränke trinken würde.

„Natürlich muss man sich am Ende den gesamten Prozess im Detail anschauen. Leider kann man das nur wirklich sagen, wenn man die Lieferkette, die Logistik, die Endmaterialien und so weiter im Blick hat. Die vollständige Ökobilanz über den Materialeinsatz, die Emissionen der Produktion und die Recyclingfähigkeit des Produkts hinweg wird unglaublich komplex."

Die Arbeit mit Hypothesen bringt die Herausforderung mit sich, Risiken eingehen zu müssen, und dies erfordert den Aufbau des notwendigen Rahmens um sie herum, um Sicherheit zu haben. Die Produktentwicklung muss Wetten eingehen, aber sie müssen auf eine bestimmte Fallhöhe begrenzt sein.

„Wie kann man Risiken eingehen, ohne Risiken einzugehen? Das ist Wunschdenken. Wer innovativ sein will, muss

Risiken eingehen. Es geht nicht anders. Aber man kann es begrenzen. Und das ist die große Herausforderung.“

Aber wie groß ist am Ende der Hebel, wenn man es mit einer Lieferkette zu tun hat? Und wenn es um Skalierungsfragen geht, wie viel Raum bleibt dann noch für Optimierungen?

Lena beteuert, dass die Prozesse einfach viel länger dauern. Am Anfang konnte air up aus finanziellen Gründen nicht in Europa produzieren, aber auch weil es keine Produktionsstätten in Europa gab, die mit den gewünschten Materialien produzierten. Was aus Nachhaltigkeitssicht freilich nicht so cool war.

„Wir haben immer gesagt: ‚Wir wollen das so schnell wie möglich ändern.‘ Und das tun wir gerade. Obwohl es uns erst seit drei Jahren gibt, sind wir dabei, unsere Produktion näher an unsere Kunden zu bringen. Den ersten Schritt haben wir bereits Ende 2021 getan, als wir eine Pod-Produktionsstätte in der Türkei eröffnet haben. Eine weitere ist in den Niederlanden geplant. Und das ist erst der Anfang: Bis Ende 2022 wollen wir den Großteil unserer Produktion nach Europa holen.“

Lena sieht es als Vorteil an, dass sie in ihrem Gründerteam unterschiedliche Sichtweisen und Hintergründe haben. Von Anfang an konnten sie den Fortschritt aus verschiedenen Blickwinkeln betrachten und jeder konnte sein Fachwissen einbringen. Das ist ihrer Meinung nach der Grund, warum air up nicht nur eine stabile finanzielle Situation aufbauen konnte, was einer einzelnen Person niemals möglich gewesen wäre, sondern auch eine stabile Marke, stabiles Marketing, stabile Produktion und Logistik.

„Dass dies parallel passiert, ist selten, denn in der Start-up-Welt gibt es den Mythos, dass man mit kleinen Teams startet. Diese kleinen Teams bestehen in der Regel aus Personen mit ähnlichen Profilen. Normalerweise haben sie einen kaufmännischen Hintergrund und möchten unbedingt gründen. Das birgt die Gefahr, extrem einseitig zu denken. Der Vorteil, kreative Leute im Team zu haben, ist, dass sie eine viel stärkere Verbindung zum Kunden haben."

Der Vorteil von air up ist also, dass sie kundenorientiert denken. Und ja, das ist nur ein Teil des lebenszentrierten Designs. Branding wird aus Lenas Sicht wichtiger und relevanter, weil Verbraucher nicht mehr das Billigste oder Praktischste bevorzugen, sondern Produkte kaufen wollen, mit denen sie sich identifizieren können und die ihren Werten entsprechen. Und diese Identifikation bekommen Marken nur, wenn sie sich entsprechend positionieren und stringent kommunizieren.

„Wie wichtig das ist, wird oft unterschätzt. Vor allem in Deutschland, wo es einen extremen Fokus auf Technologie gibt. Ich habe überhaupt nichts gegen die deutsche Unternehmerkultur. Sie macht vieles richtig, es wird oft viel mehr nachgedacht und werteorientierter entschieden. Aber es gibt eine gewisse Skepsis gegenüber dem ganzen Thema Marketingentwicklung, warum auch immer. Ich verstehe es nicht, aber es wird nicht ernst genommen. Wenn ich das höre, zucke ich mit den Schultern und denke: ‚Ja, das kann man machen, aber dann bleibt man auf der Strecke.'"

Lenas Grundsatz lautet: Marke ist keine Meinung. Wenn man etwas entwirft, sagen die Leute gern, was sie schön finden. Solche Meinungen interessieren sie wenig, solange sie nicht von der Zielgruppe geäußert werden. Einen visuellen Auftritt zu gestalten und mit den Grundwerten, Prinzipien, der Herkunft des Unternehmens und der Unternehmenskultur zu verknüpfen, ist ein äußerst abstrakter Prozess. Es ist nicht immer einfach und der Erfolg stellt sich erst mit langer Verzögerung ein.

Takeaways

① Es ist möglich, verantwortungsvollen Konsum mit einem guten Erlebnis- und Convenience-Faktor zu verbinden.

② Marketeers sollten sich mit den Prinzipien des lebenszentrierten Designs auseinandersetzen.

③ Wer innovativ sein will, muss Risiken eingehen.

④ Marke ist keine Meinung.

162

Jakob Berndt — Co-Founder, Tomorrow

„Ich glaube, dass diese Zeiten des Informations-overkills und der Sinnsuche der Menschen ein Zeitalter sind, das nach Marken schreit.“

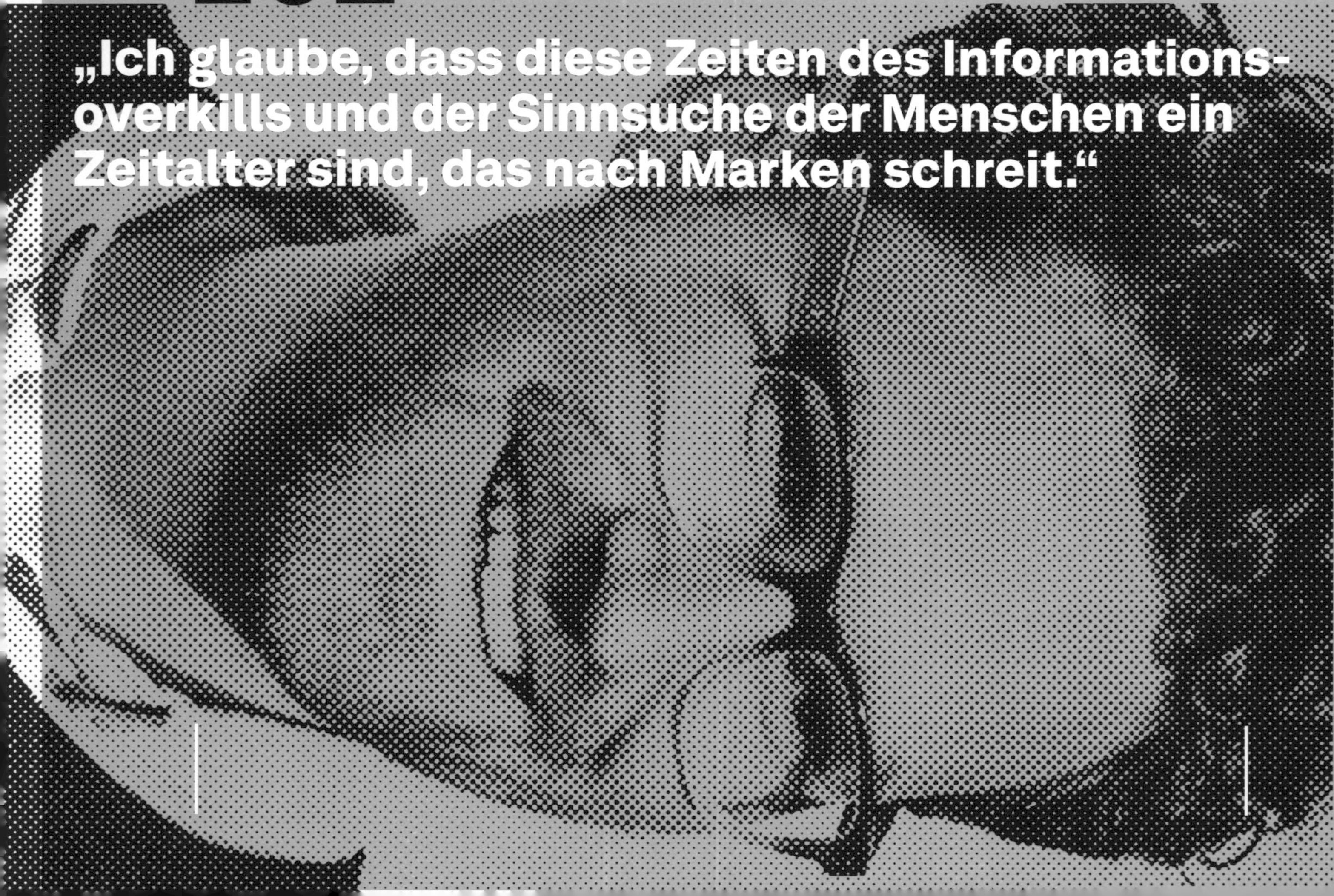

Jakob Berndt

Co-Founder, Tomorrow

— Ein waschechter Hamburger, wenn auch in Henstedt-Ulzburg geboren
— Anfang der 1980er-Jahre in einem politisch engagierten Haushalt aufgewachsen
— Engagiert sich für soziale Belange und setzt sich für deren Verbesserung ein
— Hat Angewandte Kulturwissenschaften studiert, weil es eine große Bandbreite an Themen abdeckt

Jakob Berndt hat Marketing noch nie besonders wissenschaftlich betrieben. Die heutige Marketing-Fachliteratur kann er nicht zitieren. Er sieht sich als jemanden, der seinem Instinkt vertraut, und nur bedingt als Marketeer. Diese Sichtweise bringt er auch in seine Arbeit bei Tomorrow ein, wo er für das Marketing verantwortlich ist. Er ist eher ein sozialer Unternehmer, der Marketing einsetzt, um sein Unternehmen voranzubringen.

„Es ist ein Instrument, um uns für Menschen anschlussfähig zu machen. Denn was wir hier tun, ist kein Selbstzweck, sondern verknüpft mit dem, was die Menschen da draußen beschäftigt, mit ihren realen Bedürfnissen sowie ihren sozialen und emotionalen Bedürfnissen. Wie können wir als Unternehmen, als Marke, als Dienstleister darauf eine Antwort finden? Diese Brücke muss das Marketing bauen."

Gewiss, es sind ungewöhnliche Zeiten mit einer digitalen Medienlandschaft, die die Rezeption verändert hat. Die Halbwertszeit von Know-how ist extrem kurz. Kanäle, die vorgestern das heißeste Ding waren, können sich heute als obsolet erweisen. Für Tomorrow als junges Start-up ist es sehr herausfordernd, in eine Branche einzusteigen, die sich ebenfalls schnell verändert. Angesichts großer Wachstumsambitionen wollen sie trotzdem viele Geschichten erzählen und müssen Vertrauen aufbauen.

In seiner unternehmerischen Laufbahn, zuerst mit Lemonaid und ChariTea und jetzt mit Tomorrow, hat Jakob

Purpose: der Grund für die Existenz eines Unternehmens, der als Grundlage für das Marketing verwendet wird; wird heute häufig als bestimmender Teil des Markenauftritts eines Unternehmens verwendet und schließt Themen wie Nachhaltigkeit und soziale Verantwortung von Unternehmen ein

immer wieder Marken aufgebaut, deren innerster Kern sich um „Change" oder „Purpose" dreht, oder wie auch immer man es nennt. Ein Thema, mit dem viele andere Markeninhaber jetzt auch von außen konfrontiert werden und das sie zwingt, sich zu positionieren. Für ihn hat es immer damit angefangen.

„Insofern finde ich es eine spannende Entwicklung. Man kann heute kein Marketing mehr betreiben und eine Marke aufbauen, ohne zumindest teilweise die Frage zu beantworten, warum man existiert und was der Daseinszweck in der Welt ist."

Im Vergleich dazu war ihm die datengetriebene Sichtweise des Marketings relativ neu. Beim Marketing gibt es heute mehr oder weniger zwei Schulen: Die eine ist sehr performanceorientiert und besteht darauf, Daten als Entscheidungsgrundlage heranzuziehen, da wir eigentlich alles messen können. Die andere ist die klassische Schule, die aus der Branding-Ecke kommt und in erster Linie fordert, dass eine Marke eine Daseinsberechtigung hat. Sie muss ein Bedürfnis erfüllen und es braucht ein Produkt, alles andere ist zweitrangig. Diese Schulen scheinen zu kollidieren und nicht jeder kann sie zusammenbringen.

Das ist tatsächlich ein Spannungsfeld für Tomorrow, das sie innerhalb der Organisation spüren. „Wie wir Daten relativ kurzfristig für den Erfolg nutzbar machen und dennoch langfristig eine Marke aufbauen, die Substanz hat, sich aus einer Idee und einer Überzeugung speist und daher Dinge von sich aus tut und nicht als Reaktion auf oder im Abgleich mit irgendwelchen Proxys, die mir die Daten geben würden – das ist für uns gerade ein spannender Balanceakt." Jakob fühlt sich in der letztgenannten Schule sehr zu Hause. Dort kommt er als Mensch her, aber sie ist auch sein erlerntes Handwerk. Ihm ist also wichtig, eine klare Vision davon zu haben, welche Rolle man spielen will, und dann aus dieser Position heraus zu handeln. Seine ersten Schritte in die Agenturwelt machte er als studentische Hilfskraft mit Recherchearbeiten in der Beratung einer mittelständischen Agentur in Hamburg. Da er gerade erst sein Studium der Angewandten Kulturwissenschaften begonnen hatte, konnte er wenig bis gar kein Marketingwissen beisteuern.

Doch schon bald merkte er, dass ihn der Bereich Markenkommunikation reizte. Als sich ihm also die Möglichkeit bot, bei Jung von Matt einzusteigen, schlüpfte er zunächst als Student in den Bereichen PR und New Business unter, wo er dem Vorstand assistierte. Auch damals verfolgte er noch keine große Strategie, fand aber das Umfeld und den hohen Standard von Marketing und Kommunikation bei Jung von Matt attraktiv.

Nachdem während des Studiums klar wurde, dass ihn die Agentur halten wollte und er selbst tiefer in die Materie einsteigen wollte, begann er direkt nach dem Studium, in der strategischen Planung zu arbeiten. „Ehrlich gesagt passte das nicht in den großen Masterplan, zumindest nicht auf meiner Seite." Er merkte relativ früh, dass er sich mit der Figur des strategischen Planers nur bedingt identifizieren konnte.

„Ich fand es frustrierend, nur diesen kleinen Teil der Wertschöpfungskette und sogar der Kommunikations-Wertschöpfungskette bespielen zu dürfen. Und diese mangelnde Selbstwirksamkeit, dass man einfach Papiere ohne Ende produziert hat, die dann meist gescheitert sind, weil man kreativ doch einen anderen Weg gegangen ist oder der Vorstand des Kunden sich für etwas ganz anderes entschieden hat. Dieses Input-Output-Verhältnis war also extrem frustrierend."

Deshalb hatte er mit Freunden schon ein paar erste Schritte unternommen und ein kleines Online-Portal für Kunst und eine Galerie eröffnet. Das war kein unternehmerischer Impetus, er wollte einfach etwas tun und sichtbar werden. In vielerlei Hinsicht war es kein erfolgreiches Unterfangen, schon gar nicht öffentlich oder wirtschaftlich.

Und dann klopfte Paul Bethke, Jakobs Freund seit der Schulzeit, an die Tür mit einer vagen Idee für eine fair gehandelte Limonade, deren Erlös wohltätige Zwecke auf der ganzen Welt unterstützen könnte. Er wusste, dass Jakob auch nicht mit der Agenturwelt verheiratet war. Und dann wurde Jakob klar, dass dieses neue Projekt – mittlerweile weltweit bekannt als Lemonaid – alles mit sich bringen würde, womit er sich beschäftigen wollte.

„Es hatte Popkultur, es hatte einen kulinarischen Aspekt, es hatte ein weißes Blatt Papier. Es war offensichtlich, welche Kraft da Kommunikation freisetzen kann, und das nicht nur im Sinne einer coolen Kampagne, sondern wenn man hier den richtigen Marketingansatz verfolgt, kann man ihm und einer ganzen Organisation Leben einhauchen und dann wirklich Wirkung zeigen."

Seine Arbeit in der Agentur ließ zu wünschen übrig. Innerhalb einer Dienstleisterstruktur war er ein kleines Rädchen in einem Laden mit über 1.000 Kollegen. Deshalb wollte er dieses Kapitel seiner Karriere unbedingt abschließen, als sich ihm eine neue Gelegenheit bot. „Nicht im Groll. Ich habe viel gelernt, ich habe dort tolle Leute kennengelernt, aber so wollte ich nicht arbeiten."

Er wusste von Anfang an, dass Marketing ein wichtiger Schwerpunkt für Lemonaid sein würde, vielleicht sogar der wichtigste. Die Gründer erkannten, dass Marketing unerlässlich war für ihren einzigartigen Ansatz, ein alltägliches Konsumprodukt mit einer sozialen Mission aufzuladen und es auf einen Markt zu bringen, der in vielerlei Hinsicht bereits gesättigt war. Niemand schrie nach einem neuen Erfrischungsgetränk.

Um ohne großes Kapital oder Branchenkenntnisse erfolgreich zu sein, ist ein umfassendes Marketing erforderlich, von Namensgebung, Branding, Design und Verpackung bis hin zu Markteinführungsstrategien, Kommunikationsstrategien und Inhalten. Ja, all das. Lemonaid hat erst sehr spät mit Werbung im klassischen Sinne begonnen, es musste zunächst eine Marke mit einer Daseinsberechtigung aufbauen, die die Brücke schlägt zwischen Zeitgeist und Verbraucherbedürfnissen auf der einen Seite und dem, was die Gründer antrieb, auf der anderen Seite.

Sie wollten viele Flaschen verkaufen. Schließlich war es ihr Ziel, viele Euros zu sammeln, um viele Projekte zu unterstützen. Marketing musste das Bindeglied sein, das Produkt übersetzen, es für Menschen verständlich machen und eine Sogwirkung erzielen. Sie gingen an die Sache heran mit einer soliden Vorstellung davon, was eine Marke können und repräsentieren muss, gepaart mit ihrer eigenen subjektiven Vorstellung davon, was sie spannend finden würden, vom Geschmack bis zum Design.

„Wir haben uns sehr darauf verlassen zu sagen, dass wir hier tolle Sachen machen wollen. Wir wollen Sachen machen, die wir und unser direktes Netzwerk aufregend finden. Nur dann kann das eine Kraft haben. Wir haben keine Marktforschung betrieben, es war viel Bauchgefühl gepaart mit ein bisschen handwerklichem Geschick. Und guten Leuten, die wir an Bord geholt haben, großartige Designer einer Top-Agentur in Schweden. Wir haben bei Jung von Matt ein paar kreative Leute gefunden, die mit uns am Anfang einige lustige Ideen entwickelt haben. Außer uns waren da noch ein paar andere tolle Leute. Ich glaube, das war das Potpourri."

Es gab viele unternehmerische Herausforderungen. Sie waren ein kleines Team – die Mitgründer Jakob, Paul und Felix Langguth – und hatten so etwas noch nie gemacht. Sie hatten zwar ein paar Business Angels gefunden, die sie bei den ersten Schritten finanziell unterstützten, aber es war kein klassisch finanziertes Projekt. Sie mussten also relativ schnell ein Geschäftsmodell aufbauen, das aus eigener Kraft laufen und wachsen konnte. Am Anfang waren es drei, vier große Baustellen: Produktion und Logistik, Vertrieb und dann natürlich Marketingkommunikation – der Aufbau von Bekanntheit fast ohne Geld.

Für Jakob war Lemonaid ein großes Abenteuer, das erst zu Ende ging, als sich die Führungsriege nicht mehr ganz einig war, wohin die Reise gehen sollte. „Ich hatte das Gefühl, dass nicht genug von meiner Energie nach vorne und in die Gestaltung floss. Stattdessen war sie nach innen gerichtet, um Dissens zu bewältigen. Mir wurde klar, dass ich wieder ein weißes Blatt Papier brauchte, um Neuland zu betreten, eine neue Herausforderung für mich zu finden.“

Dann nahm er sich eine Auszeit, sortierte sich selbst, betrieb ein bisschen Business-Coaching und reiste mit seiner Familie. Er engagierte sich bei SOS Méditerranée, einer NGO, die sich um Flüchtlinge kümmert, und wurde dort Vorstandsmitglied, weil ihm das Thema Migration und Flucht schon immer sehr am Herzen lag.

Dann traf er auf die beiden Jungs, Inas Nureldin und Michael Schweikart, mit denen er heute Tomorrow macht. Inas und Michael hatten die ersten Schritte gemacht, um Digitalisierung und nachhaltige Finanzen zusammenzudenken, und erkannt, dass sie und Jakob sehr gut zusammenarbeiten könnten. Die beiden wussten, dass sie für dieses gewagte Projekt jemanden mit Marketingperspektive brauchten. Einer von ihnen kam aus dem

Softwarebereich und der andere aus der Finanzberatung, sodass die Produkt- und die Finanzperspektive gegeben waren.

Jakob erinnert sich: „Uns war klar, dass wir eine Marketingkomponente brauchen würden, wenn wir uns auf ein – vielleicht im Nachhinein betrachtet – noch kühneres Abenteuer als Lemonaid zehn Jahre zuvor einlassen wollten. Und gleichzeitig wurde mir klar: ‚Huch, ich habe keine Ahnung von Fintech. Ich mache mich so ein bisschen lustig darüber.' Ich musste mich in das Thema einlesen, bevor ich die beiden Jungs zum Kaffee traf."

Er wusste nicht, was vor sich ging, weder in „Fin" noch in „Tech". Aber das haben seine Mitgründer mitgebracht. Sie sahen darin einen großen Hebel. Diese Idee, eine Herausfordererrolle zu übernehmen und diesen Markt zu verändern, reizt ihn noch immer.

Rund vier Jahre nach dieser Entscheidung ist Tomorrow zu einer Organisation mit etwa 120 Mitarbeitern und mehr als 110.000 Kunden herangewachsen. Sie sind führend im Markt und haben bewiesen, dass digitales nachhaltiges Banking seine Daseinsberechtigung hat.

„Andererseits stehen wir erst ganz am Anfang der Reise. Unsere Mission ist es, das Thema nachhaltiges Banking in die Mitte der Gesellschaft zu bringen. Und wenn man weiß, dass es allein in Deutschland 100 Millionen Girokonten gibt, stehen wir mit 100.000 noch nicht ganz im Zentrum. Insofern haben wir noch viel Arbeit vor uns. Wir haben einfach den Ehrgeiz, uns noch viel breiter aufzustellen. Heute sind wir ein Konto, morgen werden wir Investmentlösungen anbieten."

Langfristig will Tomorrow den Menschen ein umfassendes finanzielles Zuhause bieten. Die vielleicht größte Herausforderung ist, dass das Start-up noch den gesamten Markt aufrollen muss, der ihrer Meinung nach riesig ist, wo aber noch viel Aufklärungsarbeit zu leisten ist.

„Es ist eben anders als bei Energie, Mobilität und Ernährung, wo das ganze Thema nachhaltiger, bewusster Konsum schon viel mehr Mainstream ist. Bei Finanzen müssen wir zuerst ein Problembewusstsein und dann gleichzeitig Vertrauen und Bewusstsein für diese Marke schaffen, um sie zu konvertieren. Da wartet ein unglaublicher Marketingjob."

Ein guter Marketeer muss heute, findet Jakob, extrem lernfähig sein. Der Kontext, in dem Marketing agiert, ändert sich so wahnsinnig schnell, dass niemand mehr ein guter Marketeer sein kann, wenn er nicht darauf reagieren kann. Es wird deutlich komplexer.

„Ich glaube, dass diese Zeiten des Informationsoverkills und der Sinnsuche der Menschen ein Zeitalter sind, das nach Marken schreit. Gleichzeitig bieten die digitalen Möglichkeiten nicht nur die Chance, sondern machen es sogar zur Pflicht, auf Datenbasis zu arbeiten. Das muss man ausbalancieren. Wenn man der Entscheidungsträger ist, muss man das entweder in einer Person tun können, oder man muss einfach dafür sorgen, dass man jemanden dafür an seine Seite stellt."

Jakob glaubt, dass die Frage nach dem Zweck oder der Rolle einer Marke in der Welt zuallererst beantwortet werden muss. Es mag auch heute noch Akteure geben, die diese Antwort nicht haben und einfach von ihrer schieren Marktdominanz zehren. Aber Marken können heute nicht mehr konkurrieren und einen erfolgreichen Case aufbauen, wenn sie diese Frage nicht beantworten und dann auch für die Kommunikation übersetzbar machen können. Zudem muss die Digitalität der Ursprung aller medialen Aktivitäten sein.

Organisationen können heute nicht mehr mit einem Fünf- oder Drei- oder gar Einjahresplan arbeiten, sondern in viel kürzeren Zyklen. Sie müssen viel mehr experimentieren, Impulse setzen, sehen, was sie daraus lernen können, und dann iterativ weiterarbeiten.

„Ich muss viel schneller Schlüsse aus meinem eigenen Handeln ziehen können. Das ist etwas, was ich in dieser Welt heute für entscheidend halte, denn alles ist viel zu dynamisch, komplex und innovativ, als dass ich mir jetzt eine Dreijahresstrategie ausdenken könnte. Das kann man machen, aber es ist zum Scheitern verurteilt."

Was bei Tomorrow derzeit gut funktioniert, sind die Projekte, bei denen die Teams interdisziplinär arbeiten, wo sie wirklich Leute von der Markenstrategie über die Kreation und Performance bis hin zum Produkt in einem kohärenten, schlüssigen Set-up haben. Dort entstehen in kurzer Zeit mit effizienten Mitteln gute Sachen, die fast alle Metriken stärken.

„Diese Durchlässigkeit und interdisziplinäre Arbeit über den eigenen Unternehmenskontext hinaus funktioniert auch viel besser mit Agenturen und anderen Akteuren, wenn alle virtuell in einem Raum zusammenarbeiten und nicht klassisch linear, wo hier etwas entsteht und dann durch den Wasserfall weitergereicht wird und am Ende irgendeine Agentur bunte Bilder malen muss, um es zu legitimieren."

Takeaways

① Wir befinden uns in einer Zeit, die nach Marken schreit.

② Die digitalen Möglichkeiten machen es zur Pflicht, auf Datenbasis zu arbeiten.

③ Die Frage nach dem Zweck einer Marke muss zuerst beantwortet werden.

④ Organisationen müssen in viel kürzeren Zyklen arbeiten.

Ynzo van Zanten — Post-Purpose Preacher,
ehemaliger Chief Evangelist bei Tony's Chocolonely

„Ich war fasziniert von Strategie, Kommunikation und Nachhaltigkeit, und ich glaube fest an das umfassende Zusammenspiel der drei Bereiche."

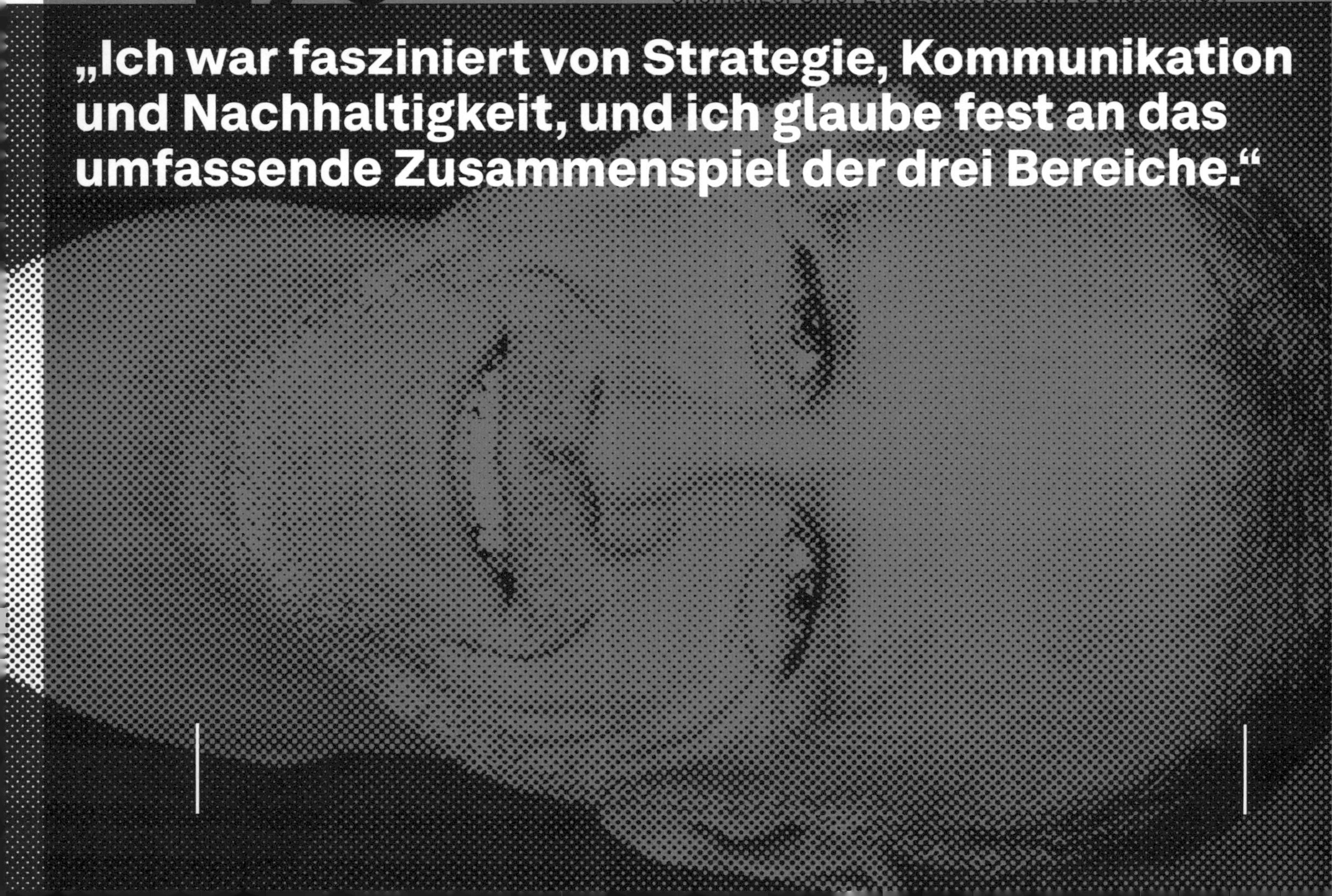

Ynzo van Zanten

Ynzo van Zanten — Post-Purpose Preacher, ehemaliger Chief Evangelist bei Tony's Chocolonely

- Begann seine Karriere als Berater bei Accenture
- Arbeitete zeitweise als Universitätsdozent und Berater
- Hat für Innocent Drinks und Tony's Chocolonely gearbeitet
- Arbeitet jetzt an der Lösung von realen Problemen in Lieferketten

Das Negative zu verkaufen, das Fehlen von etwas, ist immer eine schwierige Sache, verglichen mit dem Verkauf der einem Produkt innewohnenden Vorzüge. Aber was, wenn die Abwesenheit, die man verkaufen will, die der modernen Sklaverei ist? Zu viele weit verzweigte Lieferketten werden in irgendeiner Weise von Sklavenarbeitern gestützt, und Ynzo van Zanten hat einen Großteil des letzten Jahrzehnts damit verbracht, diese Abwesenheit in den Produkten zu verkaufen, die Tony's Chocolonely produziert.

„Schokolade frei von Sklaverei" ist alles andere als ein offensichtliches Verkaufsargument, doch Ynzo ist seit Langem fasziniert von der komplexen Psychologie, die den Kaufentscheidungen der Verbraucher zugrunde liegt. Er studierte Betriebswirtschaft an der Universität und interessierte sich sowohl für den Moment, in dem sich Angebot und Nachfrage überschneiden, als auch für die Gründe, warum Menschen ihre jeweilige Wahl treffen, sowie für die Methodik und Psychologie, die diesen Entscheidungen zugrunde liegen.

Er verbrachte eine Weile damit, dies zu erforschen, während er für eine, wie er es scherzhaft nennt, „langweilige Beratungsfirma mit grauen Anzügen" arbeitete, was ihm die Augen öffnete: „Es ist eine ethische, legale Art, Job-Hopping zu betreiben, während man im selben Unternehmen bleibt, oder? Denn als Berater sieht man sehr viele Unternehmen von innen." Er stellte jedoch fest, dass sich die Arbeit von der Unternehmensberatung zur IT-Beratung entwickelte, was für ihn ein Signal war, dass es an der Zeit war weiterzuziehen.

„Mir hat es immer Spaß gemacht, die Lücke zu schließen zwischen dem Wissen der Technikfreaks – den Jungs, die wussten, was möglich ist – und den Leuten, die etwas damit zu tun hatten, es zum Kunden zu bringen. Mein ganzes Leben lang habe ich sozusagen immer diese Brücken zwischen dem Wissen und der Umsetzung gebaut."

Er ging auf Reisen und begegnete einem, wie er es nannte, „Typ mit der rosa Haut eines Briten, der Sonnenschein erlebt hat …". Es stellte sich heraus, dass dies eines der ersten Teammitglieder von Innocent Drinks war, einer britischen Getränke- und Smoothie-Marke, die für ihren ungewöhnlichen Werbetextstil bekannt war, und Ynzo blieb mit ihm befreundet.

„Ich war zur richtigen Zeit am richtigen Ort. Das war genau der Moment, in dem Innocent darüber nachdachte, entweder in weitere Kategorien einzusteigen oder die gleichen Produkte in mehr Ländern anzubieten, und sie hatten sich gerade für Letzteres entschieden. Und so brachten zwei Holländer diese britische Marke schließlich auf das europäische Festland", erinnert er sich.

Durch diese Arbeit begann Ynzo, die Ideen zu erkunden, die den Rest seiner Karriere vorantreiben würden: „Ich war fasziniert von Strategie, Kommunikation und Nachhaltigkeit, und ich glaube fest an das umfassende Zusammenspiel der drei Bereiche", erklärt er.

Vor 15 Jahren waren diese Ideen in vielen Unternehmen noch nicht so weit verbreitet, und er sah eine Aufgabe für sich darin, Unternehmen dabei zu helfen. Es war die Zeit, als Al Gores Film „An Inconvenient Truth" die Diskussionen in den Vorstandsetagen veränderte und sich die Idee der sozialen Verantwortung von Unternehmen in Richtung Nachhaltigkeit entwickelte.

Für Ynzo war das jedoch immer noch zu sehr auf Initiative ausgerichtet. „Als Unternehmen müssen Sie Ihre Strategie nicht als singuläre Übung betrachten, sondern als eine dynamische, fortlaufende Sache, über die Sie nachdenken müssen. Sie müssen erkennen, was Nachhaltigkeit als integraler Bestandteil Ihrer Strategie bedeutet", erklärt er. „Und sobald Sie erkennen, dass es sich um ein und dasselbe handelt, müssen Sie überlegen, wie Sie dies Ihren Kunden und intern, aber auch Ihren Lieferanten erklären."

Und das war etwas, was er als Berater, Autor und Universitätsdozent weiter erforschte. Doch dann ergab sich die Gelegenheit, das auf eine Weise in die Tat umzusetzen, der er einfach nicht widerstehen konnte.

„Mein Freund, mit dem ich bei Innocent Drinks zusammengearbeitet hatte, kaufte den Minderheitsanteil und später den Mehrheitsanteil an einer kleinen Schokoladenfirma in den Niederlanden, Tony's Chocolonely. Und von diesem Moment an wurde ich ihr externer Berater im Bereich der Grundwerte, der Positionierung und der Chancen des Unternehmens."

Er tat dies jahrelang, während er seine Freiheit als unabhängiger Berater genoss, bevor er sich schließlich dazu

Paid Media: Marketing, vor allem Promotion, mittels bezahlter Werbung; wenn es keine Bezahlung gibt, handelt es sich entweder um → Earned Media oder um → Owned Media

Earned Media: eine Promotion (→ vier Ps), die weder Werbung (→ Paid Media) noch Branding → Owned Media) ist

Key Performance Indicator (KPI): ein messbarer Indikator für das angestrebte Ziel

verleiten ließ, als Markenbotschafter ins Unternehmen zu kommen – als die Person, die allen in der Wertschöpfungskette die Kernwerte des Unternehmens erklären sollte.

„Denn bei Tony's haben wir bis vor Kurzem keinen einzigen Cent für Paid Media ausgegeben, es war immer Mundpropaganda. Verstehen Sie mich nicht falsch: Earned Media gibt es nicht umsonst und keine Paid Media zu betreiben bedeutet nicht, dass man kein bezahltes Marketing betreibt. Aber es gab keine Anzeigen oder Werbespots."

Sie haben diese Haltung inzwischen gelockert, da sie erkannt haben, dass sie nach 15 Jahren, in denen sie andere kreative Wege gefunden hatten, um Verbraucher zu erreichen, an die Grenzen ihrer Möglichkeiten ohne Paid Media gestoßen waren.

Seine Rolle umfasste jedoch auch ausgerechnet das Personalwesen. Ynzo verabscheut den Begriff HR zutiefst und weist darauf hin, dass man, wenn man Menschen als Ressourcen betrachtet, eigentlich gar nichts von Personalmanagement versteht.

„Ich sage immer, dass jeder, der in meiner Umgebung den Begriff ‚HR' oder ‚KPI' verwendet, irgendwo auf der Welt einen Welpen tötet", sagt er. „Das hat die Leute auch gezwungen, anders über den ganzen alten Begriff HR zu denken, weil ich fest davon überzeugt bin, dass es bei Human Resources um Menschen und Kultur sowie Menschen und Kultur als Team geht."

„In jedem guten Unternehmen sind es die Kultur und die Menschen, die die Strategie bestimmen."

Und Beziehungen sind ein entscheidender Teil davon.

„So glauben wir bei Tony's beispielsweise fest an langfristige Beziehungen. Das hat nicht nur mit den Bauern zu tun, die ihre Bohnen liefern, das hat mit dem Operations-Team zu tun, es geht um das Impact-Team – aber es geht auch um Marketing, denn das ist der Kern dessen, worum es uns geht." Und dazu gehört auch die Investition in langfristige Beziehungen zu ihren Kunden. Der Aufbau dieser Beziehungen liegt in der Verantwortung des gesamten Unternehmens, nicht nur eines Teams.

„Wenn du deine Geschichte richtig erzählst, sie zum Markenzeichen machst, bleibt sie den Menschen im Gedächtnis", sagt er. „Für mich ist Marketing also nichts, was man in einer Tabelle betreibt, was von einem Marktanteil von 47,1 Prozent zu einem Marktanteil von 47,2 Prozent führt – das nenne ich Cubicle Marketing. Die eigentliche Aufgabe besteht darin, deine Geschichte zu erzählen. Warum willst du diese Geschichte erzählen? Um etwas in der Welt zu bewirken."

Sklavereifreie Schokolade ist nicht nur eine Werbebotschaft, sondern es geht darum, die Sklaverei Schritt für Schritt aus der Welt zu schaffen.

Das ist zum Teil der Grund, warum Ynzo sich gerade von Tony's trennte, als wir uns unterhielten. Die Sklaverei in der

Schokoladenlieferkette ist nur ein Problem, das weltweit angegangen werden muss, und seine alte Berater-Wanderlust kam wieder zum Vorschein. „Ich nehme mir etwas Zeit, um loszulassen", sagte er, „weil ich zu dieser lebenden Wikipedia von Tony's geworden bin. Aber die Pandemie war ein Katalysator für den Blick auf die Systeme und die systemischen Fehler in der Gesellschaft, und ich möchte etwas dagegen tun."

Es ist ein schwieriger Prozess für ihn, denn er beschreibt seine und Tony's DNA als zusammengehörig wie heißer Kakao und Marshmallows. Als er 50 wurde, wurde ihm klar, dass er nur noch ein paar Jahre mit seinen Kindern zu Hause verbringen würde, und das waren langfristige Beziehungen, in die er ebenfalls investieren wollte. Das heißt aber nicht, dass er seinen langfristigen Fokus auf die systemische Veränderung von Unternehmen aufgibt.

„Unternehmen müssen erkennen, dass sie einen höheren Zweck haben, als nur wirtschaftlich erfolgreich zu sein."

Sie müssen kommerziell erfolgreich sein, sonst können sie keine Veränderung bewirken. Allerdings müssen sie auch mehr als das sein.

„Als Menschen neigen wir dazu, an dem festzuhalten, was wir haben und was wir tun, einfach weil wir daran gewöhnt sind, in einer bestimmten Routine zu leben. Wir lieben die Komfortzone. Aber wenn sich die Welt um uns herum so drastisch verändert, wie sie es tut, müssen wir erkennen, dass es in Ordnung ist zu sagen, dass unsere Entscheidungen in der Vergangenheit vielleicht nicht die besten waren, basierend auf dem, was wir jetzt wissen."

Dies erfordert jedoch die Kraft, das Ego loszulassen, das verlangt, an früheren Entscheidungen festzuhalten.

„Es geht darum, die Verantwortung für das zu übernehmen, was in den Lieferketten passiert, aber nicht die Verantwortung für alles zu übernehmen", erklärt er.

Das Internet hat eine entscheidende Rolle dabei gespielt, die Existenz von Sklaverei in der Schokoladenlieferkette auf eine Weise aufzudecken, die vorher nicht möglich war. Sobald dies geschehen war, zeigte sich die Notwendigkeit, Verantwortung dafür zu übernehmen, wenn man auf Basis dieser positiven Wirkung verkaufen wollte. Dies steht für Ynzo in krassem Gegensatz zum normalen Ansatz, bei dem der Verbraucher ein billigeres Produkt will, das Unternehmen also einen günstigeren Preis vom Lieferanten verlangt, der diese Kostensenkung dann in der Kette nach unten durchdrückt.

„Der Bauer kann sich nicht umdrehen und verlangen, dass der Kakaobaum die Bohnen billiger wachsen lässt, also wird der Bauer unter Druck gesetzt", sagt er. „Und sie werden in eine Situation gezwängt, in der es fast keine andere Wahl gibt, als Kinder auszubeuten und sie unbezahlte Arbeit auf den Kakaofeldern verrichten zu lassen. Dies ist ein Systemfehler, und wenn man es den Verbrauchern erklärt, sind sie mehr als bereit, Verantwortung zu übernehmen und einen fairen Preis zu zahlen."

Hinter dieser Kommunikationsarbeit steckt jedoch eine enorme Menge an Systemarbeit. Schokolade besteht aus verschiedenen Hauptzutaten:

- Kakaomasse
- Kakaobutter
- Zucker
- Milchpulver

Es dauerte Jahre, bis Tony's die Lieferkette für die Kakaomasse so weit zurückverfolgen konnte, dass das Unternehmen den Bauern, die die Bohnen für die Masse lieferten, höhere Preise zahlen konnte.

„Bei der Kakaobutter hat es noch ein paar Jahre länger gedauert, weil die Hersteller sagten, es sei nur ein generisches Fett, das unser System durchläuft, also können wir es nicht rückverfolgbar machen", erinnert er sich. Aber Tony's Chocolonely hat die Arbeit investiert.

„Und dann wurde unsere Kakaobutter rückverfolgbar, und wir haben eine Pressemitteilung veröffentlicht, in der es heißt: ‚Gute Nachrichten, unsere Tafeln werden teurer!' Und wir haben in der Pressemitteilung erklärt, dass unsere Tafeln teurer wurden, weil wir jetzt auch die zusätzliche Abgabe bezahlen konnten, die die Landwirte auf den Referenzpreis für ein existenzsicherndes Einkommen bringt, an den wir so sehr glauben. Die Verbraucher verstehen wirklich, dass sie, wenn sie Teil dieses Wandels sein können, mehr als glücklich sein können, einen Cent mehr für eine Tafel Schokolade zu zahlen, die dem Landwirt am Anfang der Wertschöpfungskette einen fairen Preis ermöglicht."

Die etablierten Unternehmen konnten dies nicht tun, weil sie fest davon überzeugt waren, dass diese Kette nicht zurückverfolgt werden kann – weil sie nie zurückverfolgt worden war. Aber das Team war bereit, an den Ursprung zu gehen, an die Elfenbeinküste und nach Ghana, und direkt mit den Bauern zusammenzuarbeiten, anstatt sich auf bestehende Mechanismen zu verlassen.

„Man übernimmt keine Verantwortung, wenn man sagt, dass das System nun einmal so funktioniert", sagt er. „Stattdessen muss man nach der Antwort suchen und tiefer in die Wertschöpfungskette vordringen."

Er vermutet, dass viele Unternehmen Angst vor dieser persönlichen, emotionalen Verbindung haben, denn sobald man anfängt, in das System einzudringen, tauchen alle möglichen Probleme auf.

„Ich glaube, dass viele Leute bei einigen dieser Ideen nervös werden. Denn sobald man anfinge, Nachhaltigkeit, Fairness und eine gute Behandlung der Produzenten und der Lieferanten in den Marketingmix einzubauen, würden viele sagen: Das macht uns sehr anfällig. Wenn jemand in dieser Kette etwas findet, das nicht funktioniert, dann wird er sich an uns rächen."

Tatsächlich konnte Tony's Anfang 2022 selbst einen Sturm überstehen, als die Presse über die Entdeckung von

Purpose: der Grund für die Existenz eines Unternehmens, der als Grundlage für das Marketing verwendet wird; wird heute häufig als bestimmender Teil des Markenauftritts eines Unternehmens verwendet und schließt Themen wie Nachhaltigkeit und soziale Verantwortung von Unternehmen ein

Kinderarbeit in ihrer Lieferkette berichtete, indem es transparent darlegte, wie es passiert ist und wie es plante, dagegen vorzugehen.

„Wenn man einmal auf den Feldern in der Elfenbeinküste gestanden hat und eine langfristige Beziehung zu diesem stolzen Bauern aufgebaut hat, der Kakaobohnen anbaut, ändern sich die Dinge. Man versteht ihre Kämpfe und ihre Probleme. Es wird persönlich, und ich denke, das ist gut so, weil es dich in eine Situation versetzt, in der du deine Arbeit ernster nimmst und dich mehr verantwortlich fühlst, etwas zu verändern."

Kommerziell bedeutet dies auch, in den berühmten Worten von Steve Jobs, dorthin zu eilen, wo der Puck sein wird, nicht dorthin, wo er ist:

„Es wächst eine ganze Generation heran, die nach einem anderen System sucht. Diese Generation sucht nach mehr Glück, sucht nach mehr Empathie. Sie sucht nach mehr Frieden. Sie sucht nach mehr Liebe. Und gleichzeitig gibt es eine ganze Generation von Unternehmen, die auf den Purpose-Zug aufspringen, die Purpose-Marketing nachahmen, ohne zu erkennen, dass dies nicht das ist, wonach die Verbraucher suchen."

Was suchen sie? Die Fähigkeit, ihre Werte durch die Wahl ihres Lebensstils zu leben, meint Ynzo.

„Es klafft eine immer größere Lücke zwischen dem, wonach die Verbraucher suchen, und dem, was Unternehmen im

Bereich des Purpose-Marketing liefern. Sie müssen begreifen, dass all diese Menschen Hilfe suchen, die zu werden, die sie eigentlich werden wollen."

„Es geht darum, etwas zu bewirken, nicht nur darum, Geld zu verdienen. Nachhaltigkeit und finanzieller Erfolg sind keine Gegensätze, und das ist der Fehler, den die Leute machen. Wenn man sich davon löst, kann man erkennen, dass beides ein und dasselbe sein kann und sich sogar gegenseitig befruchten kann."

Und um nur ein weiteres Stück konventionellen Denkens in Frage zu stellen: Ynzo glaubt nicht, dass ein Unternehmen einen Markt beherrschen muss, um einen großen Einfluss zu haben.

„Ziemlich naiv sagten wir anfangs: ‚Okay, wir brauchen 100 Prozent Marktanteil, um das System zu ändern', und im Laufe der Zeit wurde uns klar, dass wir unsere Aufgabe wahrscheinlich schneller erfüllen würden, wenn wir 100 Prozent der Unternehmen auf dem Markt dazu bringen, das zu tun, was wir tun. Ein großer Teil unserer Strategie bestand also darin, andere, konkurrierende Unternehmen zu inspirieren, die gleiche Verantwortung zu übernehmen."

Wir sollten uns bei grundlegenden Menschenrechten nicht differenzieren, argumentiert er. Wir können uns bei Branding, Verpackung, Produktqualität und Marktpositionierung differenzieren, aber nicht bei den Menschenrechten.

„Jetzt arbeiten wir mit vielen Marken in der Tony's Open Chain Platform zusammen, die wir vor ein paar Jahren eingeführt haben. Wir sagen, wir arbeiten bei Kakaobohnen zusammen, und wir konkurrieren bei der Schokolade, die wir daraus herstellen. Aber am Anfang der Wertschöpfungskette geht es nicht um Konkurrenz, sondern um Zusammenarbeit."

„Ich sage immer, wir müssen die Schokolade mit dem besten Geschmack herstellen, aber es ist wahrscheinlich nicht die beste Schokolade der Welt. Es gibt bestimmt irgendwo in den Alpen einen winzigen Hersteller in seiner Hütte, der ein noch besser schmeckendes Produkt herstellt als wir. Er verdient fünf Dollar die Woche, aber es ist eine hervorragende Schokolade. Aber wir haben die beste Schokolade, die für den Durchschnittsverbraucher in den Regalen des durchschnittlichen Einzelhändlers zu finden ist, oder? So können Sie überall, wo Sie durch einen Supermarkt gehen, eine bewusste Wahl treffen."

Ynzo scheut jedoch die Vorstellung, dass Tony's ein „soziales Unternehmen" ist. „Ich habe begonnen, den gesamten Begriff des sozialen Unternehmertums abzulehnen. Und warum? Weil ich denke, dass alle finanziell erfolgreichen Unternehmer ihre moralische Verantwortung ernst nehmen sollten. Sie sollten der Gesellschaft oder dem Planeten, dort wo sie ihren eigenen kommerziellen Erfolg erzielen, etwas zurückgeben." Er akzeptiert eher die Idee von B Corps – einem Zertifizierungssystem für Unternehmen, die hohe Standards in Bezug auf soziale und ökologische Leistung, Transparenz und Rechenschaftspflicht erfüllen.

„Bis jetzt gab es immer nur diese verstreuten Initiativen und die David-gegen-Goliath-Mentalität", sagt er. „Aber jetzt schaffen die B Corps meiner Meinung nach diese brüderlichen Bande, die wir brauchen, um all diese verstreuten Initiativen zusammenzuhalten."

Letztendlich erfordert ein grundlegender Systemwandel jedoch die Transformation größerer Unternehmen, und er glaubt, dass das Marketing eine entscheidende Rolle dabei spielt, diese Transformation bei allen Beteiligten zu begleiten: Lieferanten, Hersteller, Verbraucher und interne Mitarbeiter.

„Wir können zeigen, dass es in Ordnung ist, die Strategie neu zu definieren. Es ist in Ordnung, Zwecke neu zu definieren, also ist es in Ordnung, die gesamte Idee des kommerziellen Erfolgs neu zu definieren. Das ist ein anstrengender Prozess. Das ist in einem neuen Unternehmen, wie es Tony's war, relativ gesehen, oder wie es seinerzeit Innocent war, leichter zu bewerkstelligen als in einem bestehenden Unternehmen."

„Aber es wird von den Unternehmen oft als Ausrede benutzt, sich nicht zu ändern, oder? Dass es ihnen schwerfällt, sich zu ändern. Nun, das ist keine Entschuldigung. Was Innocent Drinks tut, wird weniger Einfluss haben als das, was Coke als Ganzes bewirken könnte, aber es ist wichtig, diese kleinen Initiativen zu ergreifen, damit sich die großen Unternehmen ändern können."

Takeaways

① Die Zeiten des Greenwashing (und des „Purpose-Washing“) sind vorbei: Sie müssen es in Ihre Strategie integrieren.

② Transparenz ermöglicht es Ihnen, emotionalere Beziehungen zu Kunden aufzubauen – und schwierige Nachrichten leichter zu überstehen.

③ Die Arbeit, die Sie in das Verständnis und die Rückverfolgung Ihrer Lieferketten investieren, zahlt sich langfristig aus.

④ Purpose-orientierte Unternehmen müssen auch finanziell nachhaltig sein.

192 Debora van der Zee-Denekamp — Vice President Foods Benelux, Unilever

„Das Lebensmittelsystem hat einen der größten Einflüsse auf das Klima und ist daher eines der Dinge, mit denen wir den größten Einfluss haben können, indem wir es zum Besseren hin verändern.“

Debora van der Zee-Denekamp

Vice President Foods Benelux, Unilever

— Studium der Ökonometrie an der Erasmus-Universität Rotterdam
— Postgraduiertenstudium in Markenmanagement an der Universität Groningen
— Arbeitet seit fast 20 Jahren bei Unilever
— Verbrachte vier Jahre in Südafrika, wo sie als Category Director für Subsahara-Afrika tätig war

Purpose: der Grund für die Existenz eines Unternehmens, der als Grundlage für das Marketing verwendet wird; wird heute häufig als bestimmender Teil des Markenauftritts eines Unternehmens verwendet und schließt Themen wie Nachhaltigkeit und soziale Verantwortung von Unternehmen ein

Obwohl Purpose-basierte Unternehmen ein klares Thema für das nächste Jahrzehnt sind, scheint es manchmal wie eine Diskussion, die hauptsächlich um innovative Start-up-Marken und herausfordernde Scale-ups wie Tony's Chocolonely geführt wird. Können die großen Akteure mit ihren großen Hierarchien und etablierten Prozessen doch nicht so viel bewirken? Nun, Debora van der Zee-Denekamp würde das bestreiten.

Sie ist eine entschiedene Befürworterin der Idee, dass große Unternehmen große Veränderungen – sogar Bewegungen – im Verbraucherverhalten bewirken können, und zwar zum Besseren hin.

„Ich denke, wir haben eine große Verantwortung, den Wandel voranzutreiben, denn wir haben Einfluss auf so viele Menschen", sagt sie. „Wir sehen viele Teller in vielen Haushalten und können daher viel Veränderung und Effizienz bewirken. Manchmal kann man die Welt verändern, indem man das ändert, was auf den Tellern der Menschen landet."

Sie hat die Daten, um das zu belegen – denn Daten sind ihr Hintergrund. Mathematik und Ökonometrie scheinen vielleicht nicht der naheliegendste Weg ins Marketing zu sein, aber für sie hat er funktioniert.

„Daten und Data Science werden immer wichtiger, und das hat mir in meiner gesamten Karriere geholfen, aber besonders heute und in Zukunft noch mehr, denke ich." Doch das bedeutet nicht, dass sie ein Marketeer der

Tabellenkalkulationen und Zahlen ist. „Oh, ich liebe Zahlen, aber ich liebe auch Kreativität und Ästhetik.“
Und das scheint fast perfekt zum Marketing des 21. Jahrhunderts zu passen. Sie weist darauf hin, dass es beim Marketing oft um kleine Veränderungen geht, die zusammen eine große Wirkung haben können, und das gilt für jede zweckorientierte Bewegung ebenso wie für das Markenmarketing.

„Bei der Arbeit in der globalen Lebensmittelbranche lernt man so viel über Kulturen und Menschen“, sagt sie. Unilever hat sie in die ganze Welt geschickt, darunter vier Jahre nach Südafrika, und sie erinnert sich an Abendessen in Townships in diesem Land und mit Familien in Kenia sowie in den USA. Das waren sehr unterschiedliche Erfahrungen.

„Im Marketing geht es viel um Empathie und Verständnis. Und ja, im Essen steckt viel Emotion. Aber es ist auch sehr bodenständig in Bezug auf die Auswirkungen und den Unterschied, den es für die Nachhaltigkeit bewirken kann. Das Lebensmittelsystem hat einen der größten Einflüsse auf das Klima und ist daher eines der Dinge, mit denen wir den größten Einfluss haben können, indem wir es zum Besseren hin verändern.“

Als Beispiel nennt sie die Überarbeitung der Rezepte einiger ihrer Produkte in den Niederlanden, wo sie ansässig ist, damit mehr Gemüse verwendet wird. Es hilft den Menschen, sich auf einen Schlag gesünder und nachhaltiger zu ernähren.

Allerdings schimpft sie hier nicht nur auf die Gemüseverweigerer unter den Holländern. Auch eine britische Erfindung – das Sandwich – macht sie für Gesundheitsprobleme verantwortlich. Zu oft enthält es kein Gemüse, und plötzlich versuchen die Menschen, ihren gesamten täglichen Gemüsebedarf in eine Mahlzeit zu packen: das Abendessen.

Aber kann sich ein großes Unternehmen wirklich schnell genug bewegen, um einen bedeutenden, marktführenden Einfluss zu haben? Bis zu einem gewissen Grad, meint Debora. Doch sie können wirklich etwas bewirken, wenn sie anfangen, mit Partnern in ihren Lieferketten und sogar mit ihren Konkurrenten zusammenzuarbeiten.

„Ja, kleinere Unternehmen sind normalerweise schneller, und ich denke, wir sollten auch schneller sein, aber wir werden nie so schnell sein wie ein kleines Start-up. Aber was wir haben, ist Skalierung. Also, ich glaube nicht, dass wir es alleine schaffen können, aber ich denke, wir können eine führende Rolle spielen, weil wir so viel zu bieten haben, was große, systemische Veränderungen angeht."

„Wir müssen mit diesen Start-ups sowie anderen Partnern wie Universitäten zusammenarbeiten, um den Wandel, den wir brauchen, wirklich von Anfang bis Ende voranzutreiben." Aber man müsse bei den Verbrauchern beginnen, sagt sie. „Nun, ich bin schließlich ein Marketeer."

Teure Lösungen für den Verbraucher haben per definitionem nur begrenzte Auswirkungen und bringen uns

Fast Moving Consumer Goods (FMCG): Produkte des täglichen Bedarfs, auch bekannt als Konsumgüter (Consumer Packaged Goods, CPG)

wahrscheinlich nicht dorthin, wo wir hinmüssen, in Bezug auf die Umwelt.

„Ich denke, unsere Verantwortung besteht darin, es den Verbrauchern leicht zu machen, ihre Wahl für ihre Gesundheit und die Gesundheit des Planeten und des gesamten Ökosystems zu treffen. Also müssen wir am Ende die nachhaltige Wahl zur schmackhafteren, gesünderen und erschwinglichen Option machen."

Und eine Sache, die sie beunruhigt, ist, dass es für den Verbraucher anscheinend schwieriger und nicht leichter wird, da der Lärm in diesem Bereich immer lauter wird.

„Es gibt eine Menge Botschaften und viele Logos. Mittlerweile gibt es weltweit rund 450 Umweltzeichen. Diese Komplexität ist eine Konstante, aber sie ist wirklich verwirrend. Woher sollen die Leute wissen, was gut ist und was nicht? Das ist die eigentliche Aufgabe für uns als Marketeers – die Dinge einfach und verständlich zu erklären. Und wir müssen ihnen helfen, die richtigen Entscheidungen zu treffen."

Und das beginnt mit einer Mischung aus Empathie und Wissen: der Empathie zu verstehen, was Menschen im Grunde wollen, und dem Wissen zu verstehen, warum Menschen diese Entscheidungen treffen.

Und auch hier betont sie, vielleicht überraschend für jemanden in einem der größten FMCG-Unternehmen der Welt, die Notwendigkeit, mit anderen zusammenzuarbeiten.

„Das Letzte, was wir brauchen, ist, dass jeder von uns etwas anderes sagt."

„Partnerschaften sind für unseren Erfolg – und den jedes Unternehmens – von entscheidender Bedeutung. Solange wir uns alle über die Strategie und das Narrativ im Klaren sind und wissen, wohin wir alle wollen, kann dies nur dazu beitragen, die Bewegungen zu schaffen, die wir brauchen."

Bei Unilever beginnen diese Kommunikationsstrategien bei den Marken. Die Strategie der Marke bildet die Grundlage für Innovationsprogramme, Kampagnen, Aktionen und so weiter. Und dann gibt es noch eine Marketingstrategie, die all das untermauert. Aber es gibt auch ein zentrales Streben nach Nachhaltigkeit auf Unternehmensebene – und die verschiedenen Marken des Unternehmens können dabei ihre jeweils eigene Rolle spielen.

„Also geht es uns bei Lebensmitteln darum, auf mehr pflanzliche Mahlzeiten umzusteigen", sagt sie. „Die Strategie ist global, aber die Umsetzung kann sehr individuell und sehr lokal sein. Und das bedeutet, rauszugehen und herauszufinden, was wirklich im Markt passiert, und das kann von Markt zu Markt sehr unterschiedlich sein."

„Man kann den Umsetzungsplan nicht einfach von der Zentrale aus entwickeln."

Die Verlagerung von Entscheidungsbefugnissen auf die Regionen ist also eine Möglichkeit, wie große Marken anfangen können, etwas von der Agilität von Herausforderermarken zu erreichen.

„Es ist immer gut, die Entscheidungen über die Umsetzung von Menschen treffen zu lassen, die nahe an der Basis sind. Sie wissen am besten, was zu tun ist. Solange sich alle an einer gemeinsamen Strategie orientieren, kann man den Menschen, die in unterschiedlichen Umgebungen arbeiten, viel Eigenverantwortung geben. Die Markenmanager vor Ort in einem Land wissen, was dort am besten funktioniert, für ihre eigenen Verbraucher."

Kreativität wird also nicht zentral verwaltet, sondern durch die Organisation kaskadiert? „Ja, wenn die Mitarbeiter sich befähigt fühlen, setzt das viel Eigenverantwortung und Kreativität frei, um das Richtige zu tun und eine lokale Wirkung zu erzielen."

Und wo kommen die Daten ins Spiel?

„Es geht darum, Chancen zu erkennen und Märkte vorherzusagen. Das wird in Zukunft noch wichtiger werden, da die KI immer besser wird."

„Es hilft uns, unsere Zielgruppe zu verstehen. Es hilft uns, spezifischere Zielgruppen zu erreichen. Es ermöglicht künftig stärker personalisierte Innovationen, aber auch Kommunikation und Aktivierung. Mit der Nutzung von Technologie und Daten können wir immer besser werden."

Und so kann sie mit Gewissheit sagen, dass es bei Purpose nicht nur um Altruismus geht, sondern auch um ein gutes Geschäft.

„Wir messen natürlich die Leistung unserer Marken und wir sehen, dass Marken mit Purpose im Durchschnitt 70 Prozent schneller wachsen und viel profitabler sind."

Und selbst alteingesessene Marken können das vorantreiben. Sie nennt das Beispiel einer Super-Bowl-Werbung für Hellman's, in der es um die Reduzierung von Lebensmittelabfällen ging: „Make taste not waste".

„Als große Marke können wir das Momentum haben, auf unterhaltsame Weise etwas zu bewirken, und wir erreichen mit dieser Botschaft über den Super Bowl viele Menschen. Und das bedeutet, dass wir viele neue Leute für die Bewegung gewinnen."

Verbraucherstudien zeigen, dass 90 Prozent der Menschen Produkte mit weniger Verpackung kaufen möchten – aber nur 20 Prozent tun dies auch. Dies ist die Lücke, die sie zu füllen sucht.

„Um auf Hellman's zurückzukommen, wir sprechen nicht nur über Lebensmittelverschwendung, sondern bieten auch Hilfe an. Wir geben den Leuten Informationen darüber, wie man mit Resten kocht, und helfen ihnen zu erkennen, welche Rezepte man mit übrig gebliebenen Eiern und ein paar Gemüsesorten im Kühlschrank zubereiten kann."

Es verkauft Hellman's, trägt aber auch dazu bei, den kulturellen Wandel voranzutreiben und Lebensmittelverschwendung zu minimieren.

Doch die Zeiten ändern sich. Der FMCG-Markt hat sich durch die Pandemie verändert. Es gibt mehr Menschen, die sich beliefern lassen, und weniger Einkäufe im physischen Einzelhandel. Dieser Trend wird sich ihrer Meinung nach in nächster Zeit nicht umkehren. Vielmehr erwartet sie eine Beschleunigung des Wandels. Zum einen sieht sie den Aufstieg der digitalen Gesundheit – was wir früher „quantified self" genannt haben – als einen Schlüsseltrend.

Im Moment konzentriert sich die Technologie hauptsächlich auf die Verfolgung von Aktivitäten, aber Debora sieht eine Zukunft voraus, in der Geräte beginnen, Menschen beispielsweise auf einen niedrigen Eiweißspiegel aufmerksam zu machen. Das sind verwertbare Informationen – und darauf zu reagieren, ist ein potenzieller Markt für sie.

„Wenn wir die Trends verstehen, können wir unsere Angebote so ändern, dass die Menschen ihre Gewohnheiten nicht ändern müssen, um bessere Entscheidungen zu treffen."

Sie gibt jedoch zu, dass es eine inhärente Spannung zwischen Data Science und Kreativität gibt, und dass man sicherstellen muss, dass die Datenanalyse nicht in eine Analyselähmung führt.

„Was wichtig ist und schon immer war, ist Neugier. Neugier auf Menschen, auf Mode und Trends, aber auch Neugier auf die Erkundung neuer Kanäle. Aber diese Neugier muss mit Empathie verbunden sein, damit man versteht, was Menschen antreibt, und erkennen kann, wo es eine Lücke gibt zwischen dem, was die Leute sagen, und dem, was sie tun."

Tatsächlich sieht sie diese anhaltende Neugier, diese Offenheit für neue Ideen und Einsichten als entscheidend für die Marketeers der Zukunft an. „Das braucht man, um wirklich zu verstehen, was Menschen antreibt und wie sie letztendlich ihre Entscheidungen treffen", sagt sie. „Sind sie bereit, Einfluss zu nehmen, etwas in der Welt zu verändern und eine Bewegung zu starten? Das erfordert einen gewissen Mut, den nicht jeder hat."

Und dieser Mut bedeutet, etablierte Marken nicht als kostbare, zerbrechliche Objekte zu betrachten, die mit äußerster Vorsicht behandelt werden müssen. Sie müssen lebendige, pulsierende Dinge sein.

„Wenn eine Marke für etwas steht, kann sie weiter innovativ sein. Sie kann sich ständig neu erfinden, wenn sich die Bedürfnisse der Verbraucher ändern", sagt Debora. „Und als CMO liegt es an Ihnen, dafür zu sorgen, dass die gesamte Marketing-Community im Unternehmen sicherstellt, dass sich die Marke immer wieder neu erfindet, um auf lange Sicht relevant zu bleiben. Sonst haben Sie verloren."

Takeaways

① Große, etablierte Marken haben aufgrund ihrer Größe das Potenzial, große Veränderungen zum Guten hin zu bewirken.

② Partnerschaften sind für den Erfolg eines jeden Unternehmens unerlässlich.

③ Sie können viel bewirken, indem Sie den Menschen die richtige Entscheidung leicht machen.

④ Lassen Sie nicht zu, dass die Analyselähmung Ihre Kreativität erstickt, sondern kennen Sie Ihre Daten in- und auswendig.

⑤ Nutzen Sie diese Daten zusammen mit einem ausgeprägten Gefühl der Empathie für die Verbraucher.

204

Martin Drust — Brand, Digital, Strategy, FC St. Pauli

„Ich denke, dass es für das Marketing ganz wesentlich ist zu verstehen, wie sich Menschen tatsächlich verhalten und wie sie Dinge nutzen."

Martin Drust

Brand, Digital, Strategy, FC St. Pauli

— Storyteller mit Karriere in Werbung und digitalem Marketing
— Langjähriger Fan, Mitglied und Dauerkarteninhaber des FC St. Pauli
— Hinterfragt die totale Ökonomisierung der Gesellschaft
— Muss dennoch die kommerziellen Aspekte des Fußballs mit einer antikommerziellen Haltung in Einklang bringen

Viele Menschen glauben, unsere Welt sei grundlegend kaputt. Martin Drust glaubt das auch. Aber er besteht auch darauf, dass jemand, der von Grund auf gut ist, die Welt zum Besseren verändern kann. Ein guter Mensch zu sein und gut zu sein in dem, was man tut, macht einen Unterschied aus, vor allem in einer toxischen Umgebung. Das ist seine Interpretation der TV-Serie *Ted Lasso,* eines Überraschungserfolgs von Apple TV+.

Ted Lasso, die Titelfigur der Serie, ist ein American-Football-Trainer, der als Coach einer Fußballmannschaft in der britischen Premier League angestellt wird. Ein Teil des Witzes ist selbstverständlich, dass American Football ein völlig anderes Ballspiel ist als Fußball in England. Obwohl Ted Lasso also nicht gerade für den Job qualifiziert ist, macht er das durch seine authentische, verletzliche und fürsorgliche Art wett. In Martins Augen ist Ted ein Vorbild in Sachen Führungsqualitäten.

Mehr noch: Für Martin gibt es zwischen dem fiktiven Ted und der Rolle seines Arbeitgebers, des Hamburger Vereins FC St. Pauli, im Profifußball durchaus Parallelen: „Wir gehen da rein und versuchen, ein gutes Vorbild zu sein und so auch andere zu inspirieren, das vielleicht auch zu versuchen.“ Kurz nachdem er 2015 zu St. Pauli kam, entwickelte er ein zentrales Narrativ für das Vereinsmarketing: eine Gemeinschaft, die für bestimmte Werte steht und diese mit ihrer Reichweite als Profifußballverein vertritt. So lassen sich auch bestimmte wirtschaftliche Zwänge als Voraussetzung für ein erfolgreiches Profidasein erklären.

Direct-to-Consumer (D2C): der Verkauf direkt an Verbraucher, ohne Groß- oder Einzelhändler

Daher war er nicht sonderlich amüsiert, als ein anderer Fußballverein ankündigte, mit seinen Sponsoren eine Wertepartnerschaft einzugehen und damit St. Pauli quasi zu kopieren. St. Pauli hat es zwar nicht so plakativ kommuniziert, macht es aber schon seit vielen Jahren so. Der Verein will dem Sponsoring einen Sinn geben, der über den bloßen Tausch von Geld gegen Werbebanden hinausgeht: „Wir wollen Partnerschaften mit Sinn, am liebsten auf Lebenszeit, und wir aktivieren die Zusammenarbeit durch gemeinsame Projekte und versuchen, gemeinsam etwas Sinnvolles zu machen."

Ein solcher Ansatz passt gut zu der unermüdlichen Suche nach Sinn, die das Marketing seit Jahren beschäftigt. Als starke Marke mit treuen Fans hat der FC St. Pauli ein klares Ziel und starke Werte. Der rebellische Geist birgt jedoch auch das Risiko eines begrenzten Wachstums. Denn die Vereinskultur ist eher durch Ausgrenzung, durch das Dagegensein als durch das Dafürsein gekennzeichnet. St. Pauli wandelt nun seine Haltung vom Rebellen zum Aktivisten: In diesem Geiste hat der Verein seine nachhaltige Sportswear-Kollektion Di!Y auf den Markt gebracht.

Statt mit einem Ausrüster zusammenzuarbeiten, produziert der Club nun seine eigene Sportbekleidung nach selbst definierten Kriterien der Fairness und Nachhaltigkeit. Damit kombiniert er zwei weitere aktuelle Trends: Nachhaltigkeit und das Direct-to-Consumer-Modell (D2C) oder – abstrakter ausgedrückt – die vertikale Integration. Für eine verbraucherorientierte Plattform mit einer breiten Reichweite in einer klar definierten Zielgruppe ist das D2C-

Modell sehr sinnvoll: Es eliminiert den Mittelsmann, in diesem Fall traditionelle Ausrüster. Wenn der Verein die Themen Vertrieb und Auslieferung lösen kann, ist dieser Schritt auch wirtschaftlich sinnvoll.

Eine der wichtigsten Erkenntnisse von Martin Drust war es, den Fußballverein und die Marke als reichweitenstarke Plattform zu verstehen und zu positionieren. Das ist auch eine Frage des Inhalts, denn eine hohe Reichweite, eine attraktive Plattform und eine ausgeklügelte Content-Strategie können sich gegenseitig und damit die Marke stärken. Martins Rolle als selbst ernannter „Storyteller" hat ihm geholfen, sich beim FC St. Pauli zurechtzufinden. Obwohl es sich um eine starke Marke handelt, wird sie von den meisten Fans nicht als solche wahrgenommen. Der Verein steht für authentischen Fußball. Dies kann zu starken Spannungen mit dem kommerziellen Charakter des heutigen Fußballgeschäfts führen.

„Wenn ich heute zurückblicke", so Martin, „war das Wichtigste, was wir getan haben, vor allem unsere inneren Widersprüche aufzulösen. Denn es gab immer Leute, die uns schnell vorwerfen konnten, heuchlerisch zu sein."

Die antikommerzielle Haltung von St. Pauli stand im Gegensatz zu seinem unbestreitbaren kommerziellen Erfolg. Aber eben nur, wenn man nicht bereit ist, sich in der Tiefe mit dem sozialen Gebilde FC St. Pauli auseinanderzusetzen. Es brauchte also eine Erzählung, um diese vordergründigen Widersprüche aufzulösen, und mit Martins Hilfe fand der Club heraus, dass ein Narrativ entlang gemeinsamer Werte sowohl als Zweck als auch als Leitlinie für die kommerziellen Aktivitäten dienen konnte.

Als langjähriger Fan und Dauerkarteninhaber, der in der Werbung und im digitalen Marketing Karriere gemacht hat, war Martin Drust für diese Aufgabe bestens geeignet, als er 2015 die Position des Director Marketing & Sales übernahm. Aufgewachsen in Hamburg-Bramfeld, genoss er eine unauffällige Kindheit und Jugend. Politisch engagierte er sich schon früh im Sozialistischen Schülerbund Hamburg und bei den Jusos. Etwa im Alter von 18 Jahren schloss er sich dem FC St. Pauli an, nachdem er, wie damals viele Schüler, auf den Barrikaden gestanden hatte, um die besetzten Häuser an der Hafenstraße von St. Pauli zu schützen – nur wenige Gehminuten vom Millerntor-Stadion entfernt.

Er studierte Geschichte und Sozialwissenschaften auf Lehramt in Hamburg. Doch während seiner Praktika wurde ihm klar, dass die Schule nichts für ihn war. Also orientierte er sich neu. Irgendwie hatte Martin Glück und landete als Werbetexter-Praktikant in einer Direktmarketing-Agentur.

„Ich dachte, na ja, das probiere ich mal aus. Dann habe ich festgestellt, dass es zu mir passt und dass es mir sehr viel Spaß macht. Plötzlich bin ich da ein bisschen hineingestolpert, wenn man so will. Ich bekam immer mehr Aufgaben und immer mehr Verantwortung. Aber ich habe mir nichts dabei gedacht, weil ich immer gedacht hatte, dass es erst mal ein Zwischending ist und ich vielleicht doch Lehrer werde."

[1] — Recke, Martin (2021). The content fallacy. NEXT Insights.

Seine Ansichten zum Marketing waren von Anfang an nutzerzentriert. „Ich denke, dass es für das Marketing ganz wesentlich ist zu verstehen, wie sich Menschen tatsächlich verhalten und wie sie Dinge nutzen. Das hat mir immer geholfen und so sehe ich diese Themen auch." Er wagte sich in den aufstrebenden Bereich des digitalen Marketings, als er Ende der 90er-Jahre Freihafen mitbegründete, eine kleine Tochtergesellschaft von DDB. Aus Freihafen wurde Tribal DDB, als es mit der BBDO-Tochter Proximity fusionierte, um den Kunden Volkswagen umfassend betreuen zu können.

Er erinnert sich noch, wie Kollegen von Proximity beim Thema Text von „Containerbefüllung" sprachen. Als Texter und Kreativdirektor wunderte er sich über die implizite Gleichgültigkeit gegenüber dem Text oder dem, was oft als Content bezeichnet wird (selbst ein etwas irreführender Begriff, denn Content *ist* buchstäblich das, was sich in einem Container befindet). **[1]** Das zeigte ihm, wie unterschiedlich die Ansätze damals waren: Was heute digitales Marketing heißt, war damals vor allem auf neue, ausgefallene Dinge ausgerichtet, während es niemanden zu interessieren schien, ob die Nutzer es überhaupt nützlich finden würden. Aber für ihn war es auch eine unglaublich tolle Zeit, in der Amir Kassaei die wichtigste Figur war. Kassaei, der 2003 bei DDB begann, verließ 2020 die Werbebranche, um eine neue Karriere zu starten.

Tribal DDB war beteiligt an der Neupositionierung der Deutschen Telekom, mit Hans-Christian Schwingen als CMO am Ruder. (Schwingen wurde 2016 zum „CMO of the Year" gekürt.) Für Volkswagen kreierte die Agentur eine berühmte

Ökonomisierung: die Ausbreitung des Marktes oder seiner Ordnungsprinzipien und Prioritäten auf Bereiche, in denen in der Vergangenheit wirtschaftliche Erwägungen eine untergeordnete Rolle spielten oder die privat bzw. solidarisch organisiert waren

virale Kampagne mit Hape Kerkelings Figur Horst Schlämmer. „Das war natürlich eine ganz andere Zeit, aber damals hatte ich das Gefühl, dass Werbung auch in Deutschland tatsächlich ein Stück Popkultur ist, dass man über Werbung spricht", erinnert sich Martin. Als weitere einflussreiche Persönlichkeit aus jener Zeit nennt er Peter Figge, den damaligen Geschäftsführer von Tribal DDB, der später bei Jung von Matt zum CEO aufstieg.

Etwa zu der Zeit, als Amir Kassaei in die USA aufbrach, wo er Chief Creative Officer von DDB Worldwide wurde, lernte Martin Michael Trautmann kennen, der zusammen mit André Kemper kempertrautmann gegründet hatte. Trautmann bat ihn, in die Agentur einzusteigen und die Multichannel-Tochter kempertrautmann change aufzubauen, die Martin gemeinsam mit Nils Wollny, Mitgründer von Holoride, und André Kempers Bruder Wulf-Peter leitete. Bei kempertrautmann (heute: thjnk) habe er sofort gemerkt, dass das Unternehmen starke kreative Talente an Bord hatte: „Das Niveau war hervorragend, und insofern habe ich etwas Neues für mich mitgenommen, und zwar auch, dass man den Produktionswert wieder zu schätzen weiß: Man kann sich im positiven Sinne in Details verlieren."

Für Martin ist die totale Ökonomisierung der Gesellschaft fragwürdig. Obwohl er nicht den großen Marketingkritiker spielen möchte, insistiert er dennoch darauf, dass Marketing nicht nur darin bestehen sollte, etwas zu verkaufen, das die Menschen gar nicht wirklich brauchen. Für ihn ist ganz klar, dass Marketeers und Marketing eine Haltung haben sollten und diese Haltung nicht für Werbezwecke missbrauchen dürfen. Er kritisiert einige große Autohersteller dafür, dass sie sich während der EURO 2020 in ihren Social-Media-Kanälen mit Regenbogenfarben überschlagen haben – allerdings nur in Ländern, in denen Regenbögen en vogue waren.

Heute sieht er das größte Problem für das Marketing darin, ein System aufrechtzuerhalten, das den Planeten langfristig zerstört. Darauf muss seiner Meinung nach eine Antwort gefunden werden. „Marketing kann nicht mehr jedes Jahr höher, weiter, schneller und so viel mehr bedeuten. Es muss dazu beitragen, diesen Planeten lebenswert zu erhalten." Abgesehen von dieser allgemeinen Herausforderung hält er es nach wie vor für wichtig, gute Inhalte zu haben, gute Geschichten erzählen zu können und diese gut zu produzieren. Auch Recruiting und Employer Branding, die Attraktivität als Marke für Mitarbeiter, sowie Upskilling und Weiterbildung in einer VUCA-Welt stehen auf seiner Prioritätenliste.

Da ihm gute Geschichten und einprägsame Erzählungen wichtig sind, sind seiner Meinung nach Empathie, Kreativität und eine gewisse strategische Denkweise von Marketeers gefragt. Es geht um Dinge, die nicht nur mit einem selbst und dem eigenen Schaffen zu tun haben, sondern darum, immer alles im Blick und im Kontext zu behalten. Neugier ist für ihn immer das Wichtigste, aber er rät, sie mit etwas Demut zu verbinden: „Glaube nicht, dass du den Herrgott jeden Tag aufs Neue schnitzt, sondern dass du versuchst, die Dinge zu verstehen."

Takeaways

① Marketing muss dazu beitragen, dass dieser Planet lebenswert bleibt.

② Marketeers und Marketing sollten eine klare Haltung einnehmen und diese Haltung nicht für Werbezwecke missbrauchen.

③ Es ist wichtig zu verstehen, wie sich Menschen verhalten und wie sie Dinge nutzen.

④ Kombinieren Sie Neugier mit einer Portion Demut.

214

Felix Jahnen — Digital Transformation Meister, Jägermeister

„Digitales Marketing sehe ich nicht mehr als Einzeldisziplin. Ich schaue einfach, wie ich mein Marketing digitalisieren kann.“

Felix Jahnen

Digital Transformation Meister, Jägermeister

— Verkaufte seine erste Website Ende der 1990er Jahre an eine Apotheke
— Aufgewachsen in einer Hamburger Agentur, wo er als Kreativdirektor tätig war
— Zitiert Karl Lagerfelds Mutter: „Hamburg ist das Tor zur Welt, aber nur das Tor"
— Vater zweier kleiner Kinder

Direct-to-Consumer (D2C): der Verkauf direkt an Verbraucher, ohne Groß- oder Einzelhändler

Sales Funnel: die Schritte, die ein potenzieller Kunde vom ersten Kontakt mit einer Marke oder einem Unternehmen bis zur Kundenwerdung durchlaufen muss; oft unterteilt in → Upper Funnel, → Mid Funnel und → Lower Funnel (→ Customer Journey)

First-Party-Daten: die Daten, die ein Unternehmen direkt von seinen Kunden erhebt, im Gegensatz zu Third-Party-Daten, die aus externen Quellen stammen

Felix Jahnen findet, dass man nicht mehr digitales Marketing machen sollte, sondern Marketing in der digitalen Welt. Und er lebt, was er predigt: Es ist der Kern seiner Rolle als Digital Transformation Meister bei Jägermeister.

„Digitales Marketing sehe ich nicht mehr als Einzeldisziplin. Ich schaue einfach, wie ich mein Marketing digitalisieren kann. Und wenn das selbst für eine nichtdigitale Marke wie Jägermeister gilt, dann gilt das auch für alle anderen."

Aus diesem Grund müssen auch Verbrauchermarken den Direktvertrieb, auch bekannt als Direct-to-Consumer-Marketing (D2C), für sich nutzen. Es ist der einzige Bereich, in dem Marketeers den gesamten Marketing- und Vertriebs-Funnel verstehen können, von der Markenbekanntheit bis zum Kauf und dann in der Schleife bis hin zur Loyalität, und wo sie dies mit ihren eigenen Daten beweisen, beobachten und verstehen können. Die Suche nach First-Party-Daten führt zum D2C-Marketing und umgekehrt.

Nach Felix' Ansicht ist dies selbst in einer kleinen Nische sinnvoll. Diese Nische kann eine Petrischale sein, die sowohl den Verbraucher als auch das gesamte Geschäft abbildet.

„Es ist einfach der einzige Bereich, der von A bis Z informiert ist und der die anderen, indirekten Bereiche günstiger und klüger informieren kann als alle anderen. Das verleiht ihm eine erhebliche strategische Bedeutung. Und damit wird es sich wahrscheinlich irgendwann zu einem signifikanten Kanal entwickeln. Auch einfach was simples Business angeht."

In der Spirituosenbranche gibt es bereits Neueinsteiger, die den D2C-Ansatz anwenden. Jiangxiaobai, eine 2012 eingeführte chinesische Baiju-Marke, hat erst durch den Direktvertrieb richtig Fahrt aufgenommen. Sie richtet sich an ein jüngeres Publikum von Millennials und der Gen Z.

Ebenso hatte sich Jägermeister Ende der 1990er Jahre an jüngere Verbraucher gewandt und ein erhebliches Wachstum verzeichnet. Die Marke zeichnet sich durch eine einzigartige Mischung aus Tradition und Innovation aus. Obwohl das Produkt selbst seit seiner Einführung im Jahr 1934 unverändert geblieben ist, hat es bei den anderen drei Ps des Marketingmix Innovationen gegeben, insbesondere in Bezug auf Platzierung (place) und Werbung (promotion). Der Kräuterlikör kam in den 1970er Jahren auf den Weltmarkt und wagte zur gleichen Zeit den Sprung ins Sportsponsoring. Jägermeister ist traditionell Vorreiter im Marketing und war daher gut aufgestellt, als Felix 2014 das Ruder als Leiter des globalen digitalen Marketings übernahm.

Zuvor hatte er seine Karriere bei Davies Meyer begonnen, einer Agentur in seiner Heimatstadt Hamburg. Dort lernte er das klassische Werberüstzeug kennen, jedoch im Kontext digitaler Kanäle, wie sie von Marken wie Pepsi, Henkel, Vodafone, Carlsberg und der Deutschen Bahn eingesetzt werden. Dies waren zweifellos große Kunden und renommierte Marken, aber Felix sehnte sich danach, selbst eine Marke zu führen – nahezu unmöglich in einer Agenturposition. Bei Jägermeister kamen für ihn viele Dinge zusammen. Es ist ein typisch deutsches, familiengeführtes, mittelständisches Weltunternehmen mit Sitz in der Provinzstadt Wolfenbüttel.

„Es ist eine Marke mit unglaublichem Charisma, die vor allem auch global ist“, sagt er. „Ich fand es schon immer spannend, dass man nicht alles in einem ganz kleinen Rahmen machen muss – man ist nicht auf Deutschland oder die DACH-Region beschränkt. Aber die Marke ist immer noch klein genug, dass alles greifbar ist und man nicht nur ein Rädchen im Konzerngetriebe ist. Jägermeister ist eigentlich gar nicht so groß. Ich denke, die Leute nehmen die Marke viel größer wahr, als sie ist.“

Felix fand viel Substanz und ein hoch motiviertes Marketingteam mit ausreichenden Ressourcen vor. Als er ankam, gab es viele niedrig hängende Früchte, die er schnell ernten konnte. Während sein Team für digitales Marketing die Social Media auf ein neues Niveau brachte, hatte er das Gefühl, dass er das Ende der Fahnenstange erreicht hatte. Er konnte sich um das Marketing kümmern und die Bekanntheit der Marke steigern, indem er versuchte, sie möglichst plakativ mit unterschiedlichen Botschaften in jeder einzelnen Zielgruppe ins Bewusstsein zu rücken – aber dann hört es kurz vor der Messbarkeit auf.

„Wenn das Werk glüht und die Flaschen herauskullern, perfekt. Aber einen direkten Zusammenhang sehe ich nicht. Was ist, wenn man ein Produkt direkt an den Verbraucher schickt?“, fragte er. Jägermeister hat ein 80 Jahre altes Vertriebsmodell: Sie beliefern Einzelhändler wie Edeka in Deutschland oder Walmart in den USA und hoffen, dass sich ein Verbraucher an einen Instagram-Post erinnert, wenn er am Regal steht. Gleiches gilt für Bars und Clubs.

„Obwohl wir traditionell eine Marke sind, die Verbraucher besser versteht als viele andere, hatten wir keinen direkten Kundenkontakt. Es wurde immer offensichtlicher, dass wir strategisch gesehen nicht einmal einen Ansatzpunkt hatten. Wir hatten nichts. Und wir hatten dieses Thema lange gemieden, weil es bequem war, die Dinge so zu tun, wie wir sie immer getan hatten."

Felix nutzte die Chance, die Entwicklung seiner neuen Rolle voranzutreiben, und bot sich selbst als Besetzung an.

Die Idee ist, sowohl gutes Marketing in den digitalen Kanälen zu machen – also das Marketing zu digitalisieren – als auch im Vertriebskanal – also die Produkte digital zu verkaufen. Jägermeister muss direkt und digital verkaufen, um die Verbraucher besser zu verstehen. Das lässt sich einfach in E-Commerce mit der guten, alten grünen Flasche übersetzen. Aber das Unternehmen will auch ein paar Schritte weiterdenken. Jägermeister hat eine reiche Tradition im Merchandising, aber der heilige Gral ist es, eine Plattform zu werden und digitale Dienste anzubieten, die letztendlich Geld einbringen.

„Wir haben schon ein paar Hausaufgaben erledigt, erste Prototypen gebaut, Tests gemacht und Verbraucherforschung betrieben, wo wir das Recht haben, eine Rolle zu spielen, oder vielleicht auch nicht, denn ich finde es sehr wichtig, das herauszufinden."

„Wenn man alles rational und nüchtern beweisen kann, dann wird die Marke automatisch auch ein bisschen nüchtern.“

Die digitale Transformation erfordert einen Balanceakt zwischen Chancen und Risikovermeidung. Wenn Jägermeister es nicht tut, wird es sicherlich jemand anderes tun, und das könnte das Geschäft zerreißen. „Ich glaube, dass uns viele Überraschungen bevorstehen und dass wir als Marke einfach besonders wach sein sollten, um etwas schneller zu reagieren als andere. Und dazu gehören auch unsere Handelspartner, denn die Verbraucher treiben diesen Trend voran."

Als Optimist sieht Felix es positiv, dass Marketeers heute mehr Möglichkeiten haben als je zuvor. Er sieht aber auch, dass die Herausforderungen wachsen. „Die Zeiten des guten, alten ‚Don Draper'-Marketings mit fünf Zeitungen und drei Fernsehsendern sind definitiv vorbei. Die Welt ist wahnsinnig komplex und fragmentiert. Deshalb wird es immer schwieriger, Vorhersagen zu treffen. Und auch die Arbeit eines Marketeers wird immer komplizierter."

Verbrauchertrends verpuffen in der Regel genau dann, wenn Marketeers ihre Recherche abgeschlossen oder den Kostenvoranschlag dafür abgezeichnet haben. Die am dringendsten benötigte Disziplin sieht Felix daher heute in der Agilität. „Wir müssen wieder ein besseres Gleichgewicht finden zwischen dem, was wir sagen, und dem, was wir tun. Es wird viel zu viel diskutiert und viel zu wenig gehandelt."

Der Trend zur Messbarkeit ist für ihn mit einem Vorbehalt verbunden: „Wenn man alles rational und nüchtern beweisen kann, dann wird die Marke automatisch auch ein bisschen nüchtern."

Purpose: der Grund für die Existenz eines Unternehmens, der als Grundlage für das Marketing verwendet wird; wird heute häufig als bestimmender Teil des Markenauftritts eines Unternehmens verwendet und schließt Themen wie Nachhaltigkeit und soziale Verantwortung von Unternehmen ein

Felix glaubt, dass Marketeers ein solides Instrumentarium brauchen, aber sie müssen auch verstehen, dass ein Teil des Jobs darin besteht, immer wieder neu zu lernen oder „das Lernen zu lernen", wie er es nennt. Dann muss man Trends beobachten. Was passiert hier gerade inhaltlich und methodisch? Worüber reden die Leute und wie reden sie darüber? Welche Memes sind im Trend?

„Das ist heute praktisch die einzige Chance, andere Marken in Sachen Smartness zu übertrumpfen. Ansonsten kann ich in Euro und Dollar ausrechnen, wie viel ich bezahlen muss, um die Konversation zu dominieren. Und das können logischerweise nur die großen Marken mit ihren Budgets."

Die erste Priorität für Marketingmanager sollte es sein, den Kunden oder Verbraucher zu verstehen, findet Felix. Marken und Marketing existieren, um Differenzierung und Wiedererkennung zu schaffen, und die Arbeit hat sich vom Produktmarketing zum Markenmarketing verlagert. „Jetzt dreht sich alles um den Purpose. Kann ich mich mit diesem Markenversprechen in meinem gesamten Lebensstil und Leben identifizieren? Möchte ich, dass es mir nützt und vielleicht auch meiner gesellschaftlichen Verantwortung?"

Aus seiner Sicht können Marketingspezialisten dies nur verstehen, wenn sie Kunden und Verbrauchern tatsächlich zuhören. Sie müssen fragen, was Verbraucher an ihrer Marke und ihrem Produkt schätzen und was sie daran hassen. „Wenn man das nicht in den Griff bekommt oder sich bewusst dafür entscheidet, es zu ignorieren und zu verdrehen, dann ist man meiner Meinung nach in einer sehr schlechten Position."

Marketeers sind heute auch Change Manager, nicht zuletzt intern. Gerade weil der Wandel so eklatant ist, braucht es Change Management. „Als Marketeer muss man sich selbst und sein direktes Teamumfeld motivieren, egal ob Mitglied oder Führungskraft. Man muss wissen, wie man bestimmte Veränderungen kommuniziert!"

Er sieht das Marketing in Gefahr, blindlings jedem Trend zu folgen, unabhängig davon, ob es sinnvoll ist. Stattdessen müssen Marketingspezialisten ihre eigene Arbeit und die Mechanismen der Arbeit besser als zuvor strukturieren und erklären. „Plötzlich versteht man, warum es für Red Bull sinnvoll ist, jemanden ins All zu schießen und ihn mit einem Fallschirm wieder landen zu lassen."

Die schiere Anzahl der Faktoren, die heutzutage im Marketing und generell in der Unternehmensführung zu berücksichtigen sind, ist kräftezehrend. Für Felix sind Nachhaltigkeit und soziale Verantwortung mehr als nur die neuesten Modeerscheinungen, denen man nachjagen muss; sie sind für ihn globale gesamtgesellschaftliche Aufgaben, denen sich kein Marketeer entziehen kann.

Er zitiert einen Ausspruch seines alten Chefs: „Das Reh hat jetzt das Gewehr." Diese Redewendung war auf den Aufstieg von Social Media gemünzt, als plötzlich ein Kanal für Kundenfeedback auftauchte. Marketingexperten können nicht länger herumsitzen, Whisky schlürfen, Tabakwerbung schalten und hoffen, dass die Leute kaufen. Die Welt von Don Draper gehört der Vergangenheit an.

„Wenn etwas mit Ihrer Kommunikation, Ihrer Marke, Ihrem Produkt nicht stimmt, bekommen Sie dieses Feedback gnadenlos. Selbst wenn man in ein falsches Licht gerückt wird, muss man dagegenhalten können. Aber bei Dingen wie Greenwashing oder auch nur ein bisschen Übertreibung bekommt man es zurück ins Gesicht." Wenn sich Marketeers allerdings stattdessen dafür entscheiden, das Social-Media-Spielfeld zu verlassen und nur noch Display- und TV-Werbung zu machen, werden sie auf lange Sicht ebenfalls scheitern.

TikTok ist vielleicht nicht das Wichtigste für eine bestimmte Marke, aber Unternehmen sollten lernen, sich einen neuen Kanal anzusehen oder ihn auszuprobieren, auch wenn sie dies diskret in einem Test tun. „Ein Team und das Unternehmen dadurch klüger zu machen, ist auch ein wichtiger Lernprozess. Wenn man wie beim Poker jede Runde verstreichen lässt, fliegt man irgendwann raus."

Takeaways

① Marketeers müssen Change Manager sein.

② Marken müssen direkt an Verbraucher verkaufen, um sie besser zu verstehen, auch wenn es nur in einer kleinen Nische ist.

③ Machen Sie heute kein digitales Marketing, sondern Marketing in der digitalen Welt.

④ Andere Marken in Sachen Smartness zu übertreffen, ist heutzutage der einzige Weg, um erfolgreich zu sein, es sei denn, man verfügt über ein *wirklich* großes Budget.

226

Björn Schick — Chief Experience Officer, smart Europe

„Aus mehr als 20 Jahren Beratung weiß ich, dass das größte Problem darin besteht, Fehler aktiv anzusprechen, um daraus zu lernen."

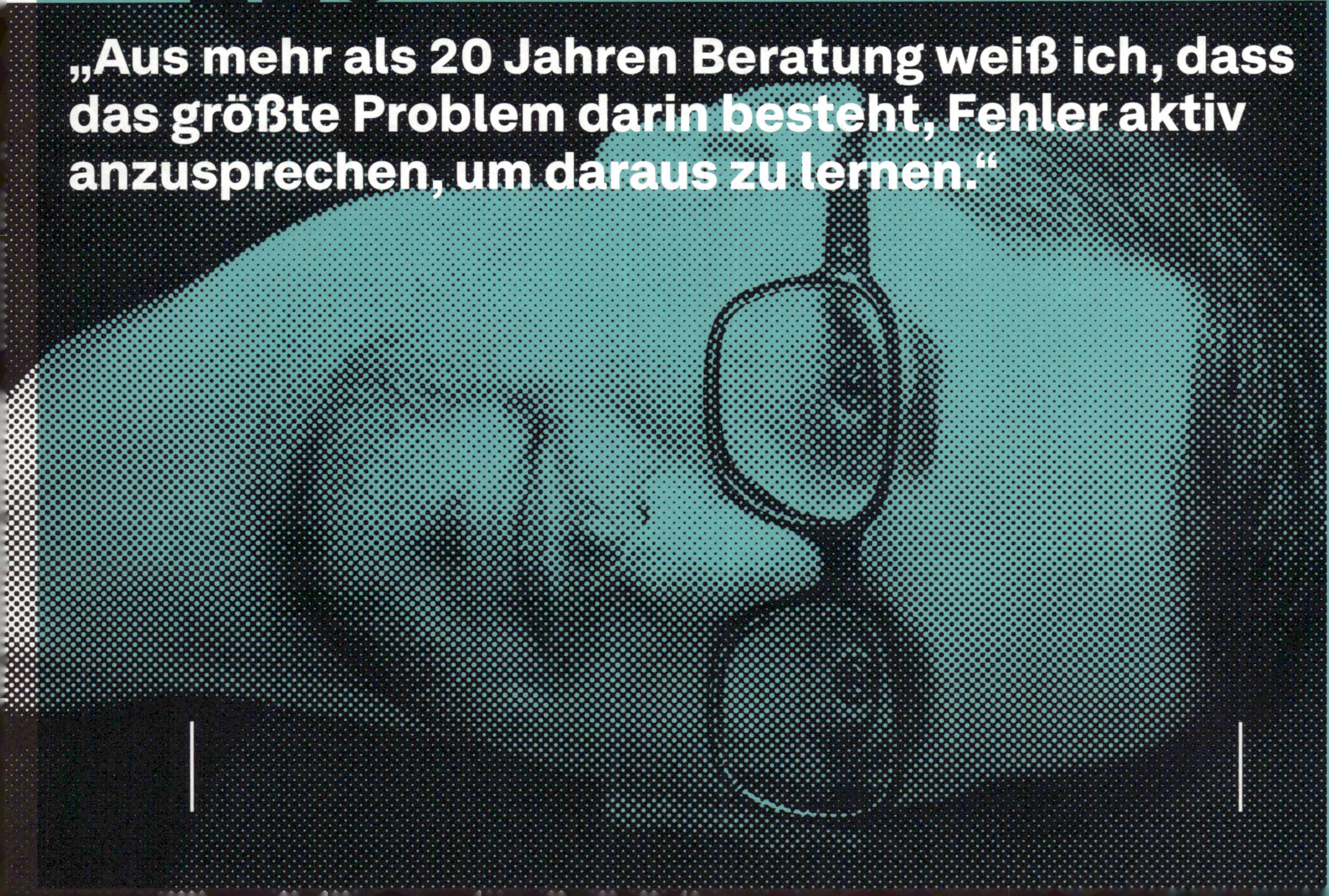

Björn Schick

Chief Experience Officer, smart Europe

— Bekam mit acht Jahren einen Commodore 64
— Damals verliebte er sich in die Welt der Spiele, die Interaktion und entwickelte die nötige Affinität zu Computern
— Transformierte und repositionierte port-neo als digitale Agentur mit Fokus auf Customer Experience
— Sieht sich nicht als klassischer Konzernmensch, sondern eher als Agenturkind

Direct-to-Consumer (D2C): der Verkauf direkt an Verbraucher, ohne Groß- oder Einzelhändler

Manchmal ist es einfacher, sein Erbe abzuschütteln und ganz von vorn anzufangen. Genau das hat die Automobilmarke smart getan, indem sie sich, als Pionier, in eine reine Elektromarke verwandelt hat und sich derzeit zu einer stärker kundenorientierten, digitalen Direct-to-Consumer-Marke (D2C) wandelt. Die angestrebte Veränderung ist tiefgreifend und jede der drei Herausforderungen – Elektroantrieb, Kundenzentrierung und D2C – wäre für sich genommen schon eine ausreichende Aufgabe.

Das neue Unternehmen – ein Joint Venture von Mercedes-Benz mit dem chinesischen Autohersteller Geely – startete fast ohne Altlasten. Nur das ikonische Elektro-Kompakt-modell smart EQ fortwo blieb als Brücke zwischen der Vergangenheit und der Zukunft. Als Björn Schick im August 2020 als Director of Customer Experience (CX) zu smart Europe kam, war es noch ein kleines Unternehmen mit rund 20 Mitarbeitern und fühlte sich wie ein Start-up an.

„smart hat eine Dynamik wie eine Agentur, mit einem Mindset, das ich bei Agenturen nur in Pitch-Phasen erlebt habe“, schwärmt Björn. „Das ist hier Tagesgeschäft. Es ist mit kaum einem Unternehmen vergleichbar, das ich in meiner gesamten Beraterlaufbahn gesehen habe.“

Björn bezeichnet sich selbst gerne als Agenturkind, das jetzt ins Unternehmen gegangen ist. Nach einem Studium der Informatik startete er seine Karriere in der Webentwicklung, als diese noch in den Anfängen steckte. Relativ schnell merkte er, dass Kreativität, konzeptionelle Stärken und Neugierde stark in ihm verankert waren.

Der Kontakt mit Kunden und die Beratung gefielen ihm, weshalb er schließlich in der Agenturwelt landete. Zu der Zeit gab es noch die klassische Unterscheidung zwischen Werbeagenturen und Digitalagenturen. Digital gewann dann an Relevanz, erhöhte seinen Anteil und übernahm mehr und mehr die Lead-Rolle in der Kommunikationsgestaltung.

2009 kam er als Mitarbeiter Nr. 27 zu Oddity. Die Agentur ist über die Jahre rasant gewachsen, ein Wachstum, das er als Unit-Leiter miterlebt und aktiv mitgestaltet hat. Damit war der Weg frei, um 2015 Geschäftsführer bei port-neo zu werden. Dort lag sein Fokus auf der Transformation und Veränderung der Organisation.

port-neo war früher eine klassische Vertriebsmarketing-Agentur mit PowerPoint-Präsentationen und Beratung für Vertriebsmitarbeiter, um sie bei ihrer Arbeit zu unterstützen. Die Neupositionierung als Digitalagentur mit Fokus auf Customer Experience und die Beratung großer Konzerne zur Digitalisierung ermöglichte es ihm, unternehmerisch zu agieren. „Mein Highlight bei port-neo war die Entwicklung der neuen Marke. Das war das letzte Puzzleteil, in dem ich mich selbst verwirklichen konnte, um die Agentur mit Mission, Vision, Werten, Struktur und Kultur neu zu positionieren."

Bei smart sieht er seine Aufgabe als Chief Experience Officer (CXO) darin, sich für den Endverbraucher einzusetzen.

agil: ein iterativer Ansatz für die Softwareentwicklung, der verwendet wird, um auf Veränderungen zu reagieren; wird auch in anderen Kontexten eingesetzt, zum Beispiel im Marketing

„Wenn wir die Business-Strategie aus interner Sicht betrachten, sehe ich mich als denjenigen, der die Position des Endkunden einnimmt und aus dessen Bedürfnissen heraus hinterfragt. So ist auch meine Rolle als ‚Agenturkind' im Unternehmensumfeld beschrieben, und das ist gut und macht viel Spaß."

Als CXO ist er für mehr als nur Marketing verantwortlich. Er sieht sich auch nicht als klassischer Marketeer, sondern hat neben Business Development, Data, IT und E-Commerce auch Marketing in seinem Team.

Da smart neu gegründet wurde, um frei von Altlasten in Form von Systemen, IT oder sogar bestehenden Verträgen zu sein, steht es auch vor der Herausforderung, alles neu aufzubauen. „Das heißt, man braucht Organisation, Kultur, aber auch ein IT-System. Meine erste Aufgabe, als ich bei smart anfing, war neben der Arbeit an der Markenpositionierung das Pitchen und Auswählen unserer IT-Landschaft. Wir betreiben hartes Infrastruktur- und Plattformgeschäft zusammen mit einer Marketingvision und einem hohen CX-Anspruch, was sich dann in einem erfolgreichen und nachhaltigen Business niederschlägt."

Der Aufbau eines Teams kann eine größere Herausforderung sein, da die Teammitglieder sich selbst als Teil von etwas Größerem sehen müssen, sowohl integriert sein als auch integriert denken sollen. Die größte Herausforderung sieht Björn jedoch darin, keine Silos entstehen zu lassen und agile Arbeitsweisen in eine Kultur zu bringen, die teilweise auch sehr traditionell sein muss. Neben digitalem Marketing und

E-Commerce braucht smart Experten aus dem Automotive-OEM-Umfeld, weil sie wissen, wie Produktmanagement, After-Sales und Gebrauchtwagengeschäft funktionieren.

„Das kann man nicht mit einem disruptiven oder digitalen E-Commerce-Ansatz erfinden. Man braucht tatsächlich die Marktkenntnis eines Autoherstellers und muss das mit der neuen Welt, dem Digitalen, mit denen, die anders denken, verbinden und gemeinsam eine neue, zukunftsorientierte Denkweise formen."

Eine weitere echte Herausforderung besteht darin, ein Unternehmen nachhaltig aufzubauen und eine Kultur zu schaffen, die nicht sofort wieder Altlasten aufbaut. „Das bedeutet eine Trial-and-Error-Kultur zu etablieren – die Bereitschaft, Fehler zu machen, sich bewusst zu sein, dass ich etwas ausprobieren könnte und es nicht funktioniert. Aus mehr als 20 Jahren Beratung weiß ich, dass das größte Problem darin besteht, Fehler aktiv anzusprechen, um daraus zu lernen."

Ist das Kundenerlebnis so wichtig, dass der CXO der neue CMO ist? Der CXO verbindet die unterschiedlichen Sichtweisen entlang der alten Konfliktlinien von Budgets, Macht und getrennten Silos wie dem klassischen Schisma zwischen Marketing und Vertrieb. So sieht Björn seine Aufgabe. „Und ja, es ist nicht alles neu, nur weil es einen anderen Namen hat. Aber es ist eine Haltung und eine Denkweise, die sich ändert. Wir werden das Marketing nicht ändern; Kommunikation ist wichtig und entwickelt sich

Omnichannel: ein Multichannel-Ansatz für den Vertrieb, der alle Kanäle in ein nahtloses Erlebnis integriert

ständig weiter. Es wird aber immer komplexer und fragmentierter. Es benötigt mehr Schnittstellen und Austausch als früher."

Die Herausforderung im Marketing liegt also in der Verzweigung in Spezialthemen. Der Kampf um Talente wird immer mehr zum Kampf um Spezialisten. Mit anderen Worten, fragt er: Was ist Marketing?

„Ist es immer noch der klassische Generalist, der aus der Kommunikation kommende Marketeer, der ‚Marlboro Man'-Erfinder, um es mal salopp zu sagen? Oder was ist es, das noch aus der alten Welt kommt und transferiert werden muss? Aus meiner Sicht die Strategie und somit der strategische Planer in seiner neuen Spezialisierung im digital geprägten Omnichannel-Umfeld."

Die größte Herausforderung ist also, dass das Marketing immer technischer, automatisierter und digitaler wird. Auch wenn es immer noch klassische Touchpoints gibt, lösen sich Marketeers von der klassischen Fernsehwerbung und gehen zu personalisierter Streaming-Werbung über. Out-of-Home wird digital. „Die Komplexität der Möglichkeiten durch Digitalisierung und die Veränderung des Marketings zu erfassen und vollständig zu durchdringen, das ist die Herausforderung und die größte Veränderung."

Björn räumt ein, dass Marketing neben dem strategischen Planer auch heute noch Kreativität braucht. Er sieht Platz für den Art Director und den Texter, aber er ist sich nicht mehr sicher, was in Zukunft passieren wird. Wie stark wird die

Rolle der individuellen Kreativität bei der automatisierten und datenbasierten Ausspielung von Assets noch sein? Als digitalaffiner Nerd mag er, was heute passiert und was im Bereich der künstlichen Intelligenz auf uns zukommt. „Aber ich denke, jeder wird auch weiterhin seinen Platz haben, solange es um kreatives Denken und Ideenentwicklung geht und nicht nur um die klassische Umsetzung."

Es gibt einen Trend zum Handwerklichen, zu etwas Besonderem, das sich von der Masse abhebt. Björn glaubt, dass wir diese Form der Kreativität beibehalten werden. „Aber wenn wir heute von Hyperpersonalisierung im digitalen Umfeld sprechen, sprechen wir nicht mehr von Kreativität. Es ist einfach die Massenproduktion von Assets. Ob der Goldene Schnitt gegeben ist, interessiert mich nicht mehr, das regelt das System, das es dann ausspielt. Der Text, der bei 1.000 Leuten am besten funktioniert, wird dann den nächsten 5.000 auch gezeigt. Wo ist also der kreative Anker? Das ist ein mathematischer Anker, ein Algorithmus. Aber um diesen ersten Schritt zu klären, kreativ zu sein und eine Marke, eine Markenpositionierung oder eine Kampagne zu schaffen, wird diese Art von Kreativität hoffentlich noch lange, lange Zeit existieren."

Kurz gesagt, ein Marketeer ist heute ein veränderungsbereiter, spezialisierter Generalist. Die übergreifenden, verbindenden Elemente sind Kommunikation, Verständnis und Empathie für den Kunden. Björn meint, das bleibt. Der Rest wird sehr schwierig. Es gibt nicht mehr den Marketeer. Es gibt Manager, die wissen, wie man Spezialistenteams orchestriert, und offen für Disruption sind.

Purpose: der Grund für die Existenz eines Unternehmens, der als Grundlage für das Marketing verwendet wird; wird heute häufig als bestimmender Teil des Markenauftritts eines Unternehmens verwendet und schließt Themen wie Nachhaltigkeit und soziale Verantwortung von Unternehmen ein

„Wenn wir von wirklich guten CMOs sprechen, dann sind das sicherlich diejenigen, die wissen, wie man sich nach rechts und links verbreitert, die wissen, wie man sich verändert, und die die Bereitschaft mitbringen, Neues entstehen zu lassen." Neue Dinge wie das Metaverse, was auch immer es ist oder was es wird. Welcher Marketeer wusste vor drei oder vier Jahren, dass Blockchain möglicherweise ein wichtiger Bestandteil seines Marketing-Setups ist? „Das zu sehen macht mir sehr, sehr viel Spaß, weil ich das nicht in Schwarz und Weiß sehe. Ich sehe die Möglichkeiten, die sich daraus ergeben und die unser Leben bereichern."

Als Prioritäten im Marketing nennt Björn die Nutzung von Erkenntnissen aus Daten, die Automatisierung und die Fokussierung auf den Kunden, mit anderen Worten, Behavioral Marketing. Er ist skeptisch in Bezug auf den Purpose, der in letzter Zeit eine beliebte Priorität im Marketing war. „Für mich wird Purpose zu sehr aus interner Sicht und einseitig betrachtet, während Behavioral Marketing eher auf den Endkunden und dessen Bedürfnisse ausgerichtet ist. Beides clever in Einklang zu bringen ist aus meiner Sicht der Schlüssel zum Erfolg."

Dies steht in engem Zusammenhang mit der Weiterentwicklung von traditionellem Marketing zu dialogischem Behavioral Marketing, bei dem der Fokus auf Werten, dem Schaffen einer Wertekopplung und der individuellen Ansprache der Endkunden entsprechend deren Interessen liegt. Durch Automatisierung, Data Insights und allgemeine Insights kann das Marketing stärker

Key Performance Indicator (KPI): ein messbarer Indikator für das angestrebte Ziel

Customer Insights: das Verständnis von Kundendaten, -verhalten und -feedback

auf den Kunden und seine Bedürfnisse eingehen, und zwar für viele Verhaltensdimensionen.

Damit einher geht die Bereitschaft zur Messbarkeit als wesentlicher Punkt für die Zukunft des Marketings. Das heißt, sich an KPIs messen zu lassen und Dinge zu tun, die einen nachhaltigen Nutzen und eine Wirkung zeigen.

„Wir haben viel zu lange mit KPIs gearbeitet, die keine wirklichen Performance-Parameter für Mehrwert waren, wie zum Beispiel Traffic. Wen kümmert es nur zu wissen, wie viele Besuche meine Seite bekommt oder wie viele Kontaktpunkte eine Anzeige hat? Das ist zu unscharf. Es ist die Vergangenheit. Die Zukunft ist es, eine Wirkung zu erzielen, zum Beispiel die Konvertierung entlang einer End-2-End-Journey."

Er erwartet, dass sich das Marketing auch gegenüber den CEOs neu positionieren wird. Wenn Marketing messbar wird und Marketeers zeigen können, welche messbare und nachhaltige Wirkung sie auf Abverkauf, Produktentwicklung oder Customer Insights haben, dann wird Marketing neu verstanden und Budgetverhandlungen nicht nur auf Brand Awareness, Reach und Traffic reduziert. „Ein gut vernetzter Marketeer, der in KPIs denkt und handelt, wird sagen, diese Marketingstrategie oder Kampagne hat folgenden messbaren Impact auf das Business, zum Beispiel auf den Deckungsbeitrag. Zukünftig gilt es im Marketing, integriert mit anderen Bereichen zusammenzuarbeiten und gemeinsame Strategien zu entwickeln. Die Verhandlung um Budgets wird dann mit Argumenten wie Skalierung des Abverkaufs, der Optimierung des Lagerbestands oder der positiven Beeinflussung des Deckungsbeitrags begründet. So kommen wir weg von mit Bauchgefühlen geführten Argumentationen und der falschen Wahrnehmung des Marketings und bewegen uns in die Richtung und zum Mindset einer Data-Driven Company."

Marketeers sind oft in ihrem Fachwissen und ihrer Spezialisierung gefangen. Dem hin und wieder zu entkommen, andere Blickwinkel einzunehmen und die Dinge aus einer anderen Perspektive zu betrachten, reizt ihn.

„Wir haben bei smart unter anderem den Wert ‚Neugier', der für mich täglicher Impulsgeber für Veränderungsbereitschaft und Weiterentwicklung für mich als Person, meines CX-Bereichs, aber auch des Unternehmens ist. Ich wünsche mir diesen Wert auch für andere Unternehmen und Marketeers, um täglich über den Tellerrand zu blicken und neue Ideen in unseren Alltag einzubringen."

Takeaways

① Die Herausforderung und größte Veränderung im Marketing besteht darin, die Komplexität der Möglichkeiten der Digitalisierung zu erfassen und vollständig zu durchdringen.

② Ein Marketeer ist heute ein veränderungsbereiter spezialisierter Generalist.

③ Gute CMOs wissen, wie man sich nach rechts und links verbreitert, und bringen die Bereitschaft mit, Neues entstehen zu lassen.

④ Messbarkeit ist essenziell für die Zukunft des Marketings.

238

Beate Rosenthal — Partner Global Consumer & Health Platform, Roland Berger, ehemals CMO bei Stada

„Nicht jeder kann ein Datenanalyst sein, aber jeder kann einen Datenanalysten ins Team holen."

Beate Rosenthal

Partner Global Consumer & Health Platform, Roland Berger, ehemals CMO bei Stada

— Hat den größten Teil ihrer Karriere bei P&G verbracht
— Studium: Betriebswirtschaft und Volkswirtschaft
— Pro bono: Executive Advisor für Unusual Pioneers, Yunus Social Business
— Board Member der MMA mit dem Thema Zukunft von Marken und Marketing

[1] — **Wood, Orlando** (2019). Lemon: How the advertising brain turned sour. Institute of Practitioners in Advertising.

[2] — **Recke, Martin** (2021). Why marketing is no less important than technology. NEXT Insights.

In seinem 2019 erschienenen Buch *Lemon. How the advertising brain turned sour* **[1]** argumentiert Orlando Wood, dass das Denken mit der linken Gehirnhälfte dem Marketing im Allgemeinen und der Werbung im Besonderen massiven Schaden zugefügt hat. Er schreibt, dass die heutige Kultur das analytische Denken überbetont, zum Nachteil der Kreativität beider Gehirnhälften, was zu einem Rückgang der Effektivität von Kreation führt. Statt einer kreativen Renaissance sieht er eine kreative Reformation, eine Entblößung der Altäre.

Als Beate Rosenthal Anfang der 90er-Jahre mit dem Studium begann, war sie genau von diesem Ansatz fasziniert: der Verbindung von Ideen und Analytik. Auf dieser Grundlage begann sie ihre Marketingkarriere.

Beate glaubt auch drei Jahrzehnte später immer noch fest an Whole-Brain-Marketing. Aus ihrer Sicht hat es einen guten Grund, dass Apple, das größte börsennotierte Unternehmen der Welt, 14 Jahre in Folge den CMO Survey Award for Marketing Excellence gewonnen hat. **[2]** Obwohl es sich um ein Technologieunternehmen handelt, verdankt Apple seinen Erfolg seiner Kreativität, der Kraft seines Designs und der intuitiven Nutzung seiner Produkte. Apples brillantes Marketing ist beispielhaft.

„Markenaufbau funktioniert nicht ohne starke Ideen", sagt Beate. „Und es funktioniert nicht, wenn die Marke ihre Kunden nicht als Menschen versteht, denn nur so schafft sie Wert für sie und erreicht sie emotional." Den Wert von Marken lernte sie während ihrer langjährigen Karriere bei

[3]— **Neff, Jack** (2012). How P&G Reshaped the Industry From Brand Management to Digital and Beyond. AdAge.

[4] — **Fretten, Howard.** Learning from Babies.

Procter & Gamble (P&G) zu schätzen, wo sie direkt nach ihrem Studium einstieg. P&G ist bekanntlich der Erfinder des Brand Managers und der kundenzentrierten Markenführung. **[3]**

Der Best Global Brands Report von Interbrand verzeichnete im Jahr 2021 das größte Markenwachstum aller Zeiten. Der kombinierte Wert der Top-100-Marken wuchs um 15 Prozent. Woher kam dieses Wachstum? Laut Beate durch den Ansatz, beim Menschen zu starten. Bei P&G war sie einst für die Windelmarke Pampers verantwortlich und an der damals bahnbrechenden Kampagne „Die Welt mit Babyaugen sehen“ beteiligt, einer der wirklich globalen Werbekampagnen von P&G, weil sie von einem universellen Insight ausging.

Die Herausforderung für Pampers bestand darin, sich von einer rein funktionalen, nutzenorientierten Marke zu einer emotionalen Marke zu entwickeln und gleichzeitig den Wert der Marke im Wettbewerb mit aufstrebenden Handelsmarken zu steigern. Dies wurde erreicht, indem P&G die Perspektive änderte und die Welt mit den Augen eines Babys sah. **[4]** Beate war 2004 federführend beim Start von *Pampers TV* auf dem deutschen Markt, einer Infotainment-Sendung bei RTL2, moderiert von Dana Schweiger. Die Sendung richtete sich an junge Familien und werdende Eltern und bot Tipps und Aufklärung rund um die Bedürfnisse in der Entwicklung ihres Babys.

Beates Credo lautet: ganzheitlich denken. Das passt gut zum P&G-Ansatz der Markenführung, der Brand Managern die Verantwortung für das gesamte Geschäft überträgt, einschließlich der Innovation. Für Braun, eine weitere P&G-Marke, schuf sie ein Lizenzmodell für das Uhrengeschäft, das kurz vor dem Aus stand. Ihr Modell rettete nicht nur das Geschäft, sondern führte auch zu Designpreisen und einer Renaissance der traditionellen Designstärke der Marke – das Erbe von Dieter Rams, dem langjährigen Chefdesigner von Braun, fortgeführt vom Designteam unter der Leitung von Oliver Grabes.

Digitale Technologien faszinierten Beate seit ihren ersten Erfahrungen mit E-Mail im Jahr 1993 während ihres Studiums an der UCLA. 1997 leitete sie ein Training für die deutsche Marketingorganisation von P&G zur Rolle des Internets. Als langjährige Verfechterin der Digitalisierung in Marketing und Wirtschaft war sie eine frühe Zeugin des Konflikts zwischen E-Commerce und Offline-Händlern, die in Balance gebracht werden mussten. Heute lächelt sie darüber in dem Wissen, dass sich am Ende stets die gleiche Erkenntnis durchsetzt: „Wir müssen dort sein, wo die Menschen sind und kaufen wollen."

Das Gleiche erlebte sie später noch einmal im Gesundheitswesen. Dort musste der Widerstand von Apothekern und Großhändlern gegen den „Jetzt kaufen"-Button auf Websites überwunden werden, weil sie sich schwertaten damit, diesen Schritt als positiven Frequenztreiber zu sehen. Mittlerweile ist E-Commerce zum Standard geworden.

„Ich war vielleicht ein bisschen hartnäckiger als meine Kollegen", reflektiert sie, „weil ich immer von den Menschen

Purpose: der Grund für die Existenz eines Unternehmens, der als Grundlage für das Marketing verwendet wird; wird heute häufig als bestimmender Teil des Markenauftritts eines Unternehmens verwendet und schließt Themen wie Nachhaltigkeit und soziale Verantwortung von Unternehmen ein

ausgehe und immer argumentiere: Wie nutzen die Menschen digitale Medien und wie die Industrie?“ Da gebe es heute noch eine große Diskrepanz, stellt sie fest. Die Zeit, die Verbraucher mit digitalen Medien verbringen, entspricht nicht dem, was ihnen das Marketing an Medieninhalten anbietet.

Beates Wechsel von Konsumgütern bei P&G zu Healthcare bei Merck war eine Gelegenheit, in ein Umfeld zu kommen, in dem der Schwerpunkt auf dem Aufbau lag. In diesem Fall ging es konkret um die digitale Transformation, um den Aufbau eines globalen Teams und um die Herausforderung, das Consumer-Health-Geschäft von Merck von einem digitalen Nachzügler zu einem digitalen Vorreiter zu machen. Das zweite Thema, das sie bei Merck antrieb, war das Thema Purpose.

„Meine letzte Rolle bei P&G war, das Parfümportfolio im deutschsprachigen Raum zu verantworten. Das sind tolle Marken und emotionale Welten, aber mir fehlte der tiefere Sinn. Diesen Sinn habe ich im Bereich Gesundheit gefunden. Wenn ich mich mit Gesundheitsthemen beschäftige und mit oft unzureichend penetrierten Kategorien, in denen die Menschen weniger konsumieren, als gut für sie wäre – zum Beispiel Vitamin D –, ergibt es einen Sinn. Das ist mir noch wichtiger geworden.“

Bevor sie zu Google kam, war sie Chief Digital & Media Officer bei Merck Consumer Health, das dann an Procter & Gamble Health verkauft wurde. Das war der Anstoß für Beate, in das Zentrum der Digitalbranche zu wechseln.

Objectives and Key Results (OKRs): ein Framework für die messbare Zielsetzung und Ausrichtung in Teams und Organisationen

In Google fand sie das Unternehmen, mit dem sie die größte Übereinstimmung der Werte hatte – was für sie auch auf den Purpose zurückzuführen ist. Google spricht nicht viel darüber, aber aus ihrer Sicht hat es hervorragende Werte. Zum Beispiel Nachhaltigkeit: Google ist seit 2007 CO_2-neutral und deckt seit 2009 seinen eigenen Energiebedarf zu 100 Prozent aus erneuerbaren Quellen.

In geschäftlicher Hinsicht haben Beate zwei Dinge gereizt: die Arbeit mit deutschen kleinen und mittleren Unternehmen an der digitalen Transformation und das ganze Thema Transparenz in der Art und Weise, wie Google sein Geschäft betreibt. Google nutzt das Konzept der Objectives and Key Results (OKRs), und sie konnte jeden Tag sehen, was Sundar Pichais OKRs sowie die ihrer Teammitglieder waren. Eine vollständige Transparenz bei den Quartalszielen sowie den langfristigen Zielen verdeutlicht, wer mit welcher Priorität woran arbeitet, und führt so dazu, dass alle im Unternehmen harmonisch – wie Perlen auf einer Schnur – auf das gemeinsame Ziel ausgerichtet sind.

Stada, wo Beate bis Ende 2021 CMO war, verfügt über ein großes Portfolio an Consumer-Health-Marken. Hier sah sie die Möglichkeit, tiefer in die Portfoliostrategie einzutauchen. Außerdem war sie stark daran interessiert, das Profil der jeweiligen Marken zu schärfen, insbesondere den Mehrwert oder Zweck der Marke.

Deshalb hat ihr Team intensiv an Stadas Schlafprodukt Hoggar gearbeitet und eine Mobile-First-Kommunikation

[5] — Rosenthal, Beate (2022). Monday Morning Inspiration: how to push the accelerator on your ROI. LinkedIn.

Performance-Marketing: eine Marketingstrategie, die auf messbare Ergebnisse (→ Conversion Rate, → Key Performance Indicator) ausgerichtet ist und Daten zur Entscheidungsfindung nutzt

Upper Funnel: der Teil des Marketings – oft Werbung –, der darauf abzielt, eine Marke oder ein Produkt bekannt zu machen und neue Zielgruppen anzusprechen

entwickelt. Grundlegend war, das Gefühl der Einsamkeit zu verstehen und anzusprechen, was Menschen erleben, die nachts nicht schlafen können. Die Vision: zu ermöglichen, dass jeder besser schlafen kann, und zwar nicht unbedingt durch Medikamente, sondern idealerweise durch eine Änderung der Gewohnheiten. Auch hier bietet die ganzheitliche Betrachtung einen Mehrwert für den Menschen.

Eine der großen Herausforderungen für das Marketing besteht nach Ansicht von Beate heute darin, der Rolle von Marken im Leben der Menschen Bedeutung zu verleihen.

Der Meaningful Brands Report von Havas aus dem Jahr 2021 hat gezeigt, dass Verbraucher auf die meisten Marken tatsächlich verzichten können: 75 Prozent könnten verschwinden und wären leicht zu ersetzen. Das bedeutet, dass eine Marke im Leben der Verbraucher einen Mehrwert schaffen muss, oft über das rein funktionale Produkt oder die Technologie hinaus.

Eine weitere Herausforderung ist die Balance zwischen Brand-Marketing und Performance-Marketing. In schwierigen Zeiten leidet das Brand- oder Upper-Funnel-Marketing oft zuerst unter Budgetkürzungen. Doch nach ihrer Erfahrung, belegt durch zahlreiche Studien **[5]**, ist eine Kombination aus Marken- und Performance-Marketing deutlich effektiver als reines Performance-Marketing.

Als dritte Herausforderung nennt Beate die Automatisierung des Marketings: die Automatisierung der automatisierbaren

[6] — Bharadwaj, Sundar (2021). MMA MOSTT Research Study: Insights from MARCAPS Benchmarking Study on Distinguishing Winning Marketing from Lagging Marketing Organizations. MMA.

A/B-Test: ein Experiment mit zwei oder mehr Versionen einer Anzeige, eines Textes oder eines anderen Marketing-Assets, um festzustellen, welche Version am besten funktioniert

agil: ein iterativer Ansatz für die Softwareentwicklung, der verwendet wird, um auf Veränderungen zu reagieren; wird auch in anderen Kontexten eingesetzt, zum Beispiel im Marketing

Prozesse, um Effizienz und Raum für die Dinge zu schaffen, die nicht automatisierbar sind, und dort dann die Kraft der Ideen hineinzustecken. So lässt sich beispielsweise die Optimierung von E-Commerce-Texten automatisieren und die entsprechenden Conversion-Ergebnisse lassen sich nachverfolgen, ohne dass Menschen die Arbeit machen müssen. Das ist sicherlich eines der großen Themen im Marketing der nächsten Jahre: Was wird automatisiert und in welcher Geschwindigkeit?

Wie würde Beate das Profil eines Marketeers beschreiben, der angesichts dieser Herausforderungen benötigt wird? Sie beginnt mit visionärer Führung und damit, den Trends und Innovationen immer einen Schritt voraus zu sein. Dann folgt die Kombination von Kreativität und Intuition mit einem analytischen Verständnis von Daten und Technologie.

„Das kann man entweder selbst haben oder sehr gut ergänzen. Wer kein absoluter Technologie-Nerd ist, kann diese Fähigkeit in seinem Team installieren. Nicht jeder kann ein Datenanalyst sein, aber jeder kann einen Datenanalysten ins Team holen." Ein Beispiel dafür war ihre Entscheidung, stets A/B-Tests für neue kreative Assets durchzuführen, um den kreativen Erfolg schnell festzustellen und Inhalte auf agile Weise zu optimieren.

Vielleicht am wichtigsten ist aber der Market-Capability Fit als Antwort auf die Frage, welche Fähigkeiten *wirklich* einen Unterschied ausmachen. **[6]** Ob man es glaubt oder nicht, es gibt keine allgemeine, einheitliche Antwort.

Unterschiedliche Branchen erfordern unterschiedliche Fähigkeiten. Abgesehen davon, dass sie Generalisten sind, so Beate, brauchen Marketeers immer noch hochwertiges, tiefgehendes Wissen und ein Verständnis für genau diese branchenspezifischen Anforderungen und Bedürfnisse und dafür, wo sie ganzheitlich hinführen können.

Im Vergleich dazu ist es weit weniger wichtig, wie ein Unternehmen strukturiert ist, ob nach Produkten, Kundensegmenten oder Kompetenzen. Auch die Frage nach Zentralisierung oder Dezentralisierung des Marketings spielt keine allzu große Rolle. „Man muss die richtigen Fähigkeiten finden, um in seiner eigenen Kategorie in der Branche erfolgreich zu sein."

Als Kind der friedlichen Revolution drückte Beate 1989 einmal einem Polizisten eine Kerze in die Hand und machte ihn so zum Komplizen ihres Protests. Sie gehörte zur ersten Generation ostdeutscher Studenten in Westdeutschland.

Zwei Jahre später bestand sie den TOEFL-Test, bewarb sich um akademische Stipendien und ging an die University of California, Los Angeles (UCLA), wo sie die Möglichkeit hatte, ihren Weltblick zu entwickeln und viele internationale Studenten kennenzulernen.

Dieses Thema, die Welt zu erkunden, hat sich sowohl privat als auch beruflich fortgesetzt. Seit ihrem Studium hat sie 66 Länder bereist. Auch während der Covid-19-Pandemie konnte sie vier neue Länder kennenlernen: die drei baltischen Staaten und Nordirland.

Beate Rosenthal — Partner Global Consumer & Health Platform, Roland Berger, ehemals CMO bei Stada

Alles ist möglich, glaubt sie, aber es ist notwendig, die Stimme zu erheben und sich für Dinge einzusetzen, die sich ändern müssen. Deshalb übernimmt sie Verantwortung als Vorstandsmitglied des Netzwerks Generation CEO für weibliche Führungskräfte und in ihrer Pro-bono-Rolle bei Yunus Social Business. Was sie tut, tut sie mit der Vision, Grenzen zu sprengen und das Unmögliche möglich zu machen.

Takeaways

① Beginnen Sie immer beim Menschen und nutzen Sie die Marke, um Mehrwert zu schaffen.

② Kombinieren Sie Kreativität und Intuition mit einem analytischen Verständnis von Daten und Technologie.

③ Ergänzen Sie Generalistentum mit branchenspezifischen, fundierten Kenntnissen.

④ Denken Sie über den Market-Capability Fit nach: Welche Fähigkeiten machen *wirklich* einen Unterschied in Ihrem Geschäft aus?

250

Thomas Zimmermann — CEO, Free Now

„Man kann nicht einfach drei Jahre lang das Gleiche machen und denken, dass es immer super ist.“

Thomas Zimmermann

CEO, Free Now

— War schon früh an Wirtschaft interessiert
— Macht heute genau das, was er studiert hat
— Fand den Weg zum Kern des Themas Daten bei Goodgame Studios
— Fragt sich, wie sich das Marketing weiterentwickeln muss

Die digitale Transformation hat das Marketing tiefgreifend verändert und damit auch die Rolle des CMO. Als das Online-Marketing erstmals auf der Bildfläche erschien, war es ein kleiner, eigenartiger, mit Argwohn betrachteter Bereich. Inzwischen ist es zur Linse geworden, durch die wir das Marketing als Ganzes betrachten. Damit übernimmt langsam eine neue Generation von Marketeers das Ruder: Sie haben ihre Karriere im Online-Marketing begonnen und steigen nun in die Reihen der Chief Marketing Officers auf.

Als Thomas Zimmermann Mitte der 2000er-Jahre Betriebswirtschaftslehre mit Schwerpunkt Medien studierte, war dort Online-Marketing noch kein Thema. Er beschäftigte sich bereits während seines Studiums mit SEO und Affiliate-Marketing, spielte mit Adsense-Integrationen herum und fand das alles recht interessant. Schnell lernte er, dass es im Online-Marketing durchaus Aufgaben gibt, die man alleine nicht bewältigen kann: große SEA-Accounts oder Display-Werbung, ohne Kunden, ohne Budgets, nur mit ein bisschen Trial and Error … das geht nicht.

Diese Erkenntnis führte ihn zu einem Praktikum im Online-Marketing bei der Hamburger Agentur uniquedigital (heute Syzygy Media). Dort baute er die SEO-Abteilung auf, die es bei seinem Einstieg noch nicht gab, und übernahm als Teamleiter das Affiliate-Marketing. Zum breiten Kundenspektrum gehörten Banken (comdirect, Commerzbank, Barclays), diverse Modehändler von Ulla Popken bis Yalook sowie Marken wie Telekom und Strato. Nach vier Jahren in der Agentur wechselte

Multi-Touch-Attribution: eine Methode der Marketingmessung, die alle Touchpoints der → Customer Journey auf ihren Einfluss auf die Conversion (→ Conversion Rate) hin untersucht

er auf die Kundenseite zu Goodgame Studios, einem Gaming-Unternehmen.

Seine Motivation für den Wechsel war nicht ungewöhnlich für Mitarbeiter einer Agentur: Er wollte nicht in der Mitte feststecken, sondern den ganzen Prozess mitgestalten, von den ersten Entscheidungen bis zur endgültigen Umsetzung. „Ich habe mich mit dem Gründer und CEO Kai Wawrzinek zusammengesetzt und gemerkt, dass es sich wirklich gut anhört. Er hatte ein gutes Marketingverständnis, sie waren in einer sehr spannenden Phase, nicht mehr klein, sie hatten schon 300 Leute. Aber mit extremen Ambitionen. Und das klang einfach unglaublich spannend." Mobile Gaming war nicht sein Schwerpunkt, weder von der beruflichen Erfahrung noch von den persönlichen Vorlieben her. Aber schon während seiner Zeit in der Agentur war ihm klar: Wenn er auf Kundenseite sein wollte, dann in einem Tech-Unternehmen.

Er sah, dass Goodgame ein gutes Gespür für Daten hatte. Während seiner Zeit in der Agentur hatte er Erfahrung mit Multi-Touch-Attribution gesammelt. Daran hatte er mit János Moldvay gearbeitet, dem damaligen Director of Data, der später Adtriba mitbegründete. So fand er auch den Weg zum Kern des Themas Daten. Das Marketing bei Goodgame wurde damals inhouse abgewickelt und sollte weiter aufgebaut werden.

Drei Monate nach seinem Einstieg brachte das auf Browsergames spezialisierte Unternehmen sein erstes Handyspiel auf den Markt. „Es war eine ziemlich verrückte

Reise. Mobile Gaming war die erste Branche, die signifikante mobile Budgets und Umsätze bewegt hat." In diese Zeit fielen einmalige Ereignisse wie der Start von Facebook App-Install Ads, die alle im Markt zum schnellen Lernen zwangen. Mobile Tracking funktionierte grundlegend anders, sodass schließlich Produktmanager von Google aus Mountain View in einer kleinen Firma in Hamburg saßen und sich erklären ließen, warum sie Drittanbieter-Tracking zulassen mussten und warum es nicht so funktionierte, wie es zuvor im Google-Ökosystem der Fall war.

„Das sind Dinge, die so wahrscheinlich nie wieder passieren werden."

2017 zog Thomas nach Berlin und bekam einen Job bei IONIQ, das damals noch Hitfox hieß. Das von Jan Beckers gegründete Unternehmen baut Inkubatoren. Gestartet mit Adtech, gingen sie dann in den Fintech-Bereich und gründeten Finleap, das half, Start-ups wie Solarisbank und Clark auf den Weg zu bringen. Thomas war verantwortlich für Marketing und Operations.

Damals baute IONIQ mit Heartbeat Labs das nächste Vertical für das Gesundheitswesen auf. Also übernahm Thomas dort die gleichen Aufgaben. „Der Inkubator legt den Grundstein für Venture-Ideen", erklärt er, „damit sie sich auf das Kernthema konzentrieren können. Sie nutzen die Ressourcen aus dem Inkubator, wie Rechts-, Finanz-, Personal- und Marketingabteilung, bis sie ein tragfähiges Konzept vorweisen können und genügend Zugkraft haben."

Neben dem operativen Teil war Thomas auch an der Entscheidung beteiligt, welche Geschäftsideen gefördert und umgesetzt werden sollten. „Das war extrem spannend, weil es natürlich auch den ganzen Fundraising- und Early-Stage-Start-up-Teil abdeckte, was ich vorher noch nicht gemacht hatte."

Zwei Faktoren trieben ihn schließlich zurück nach Hamburg. Zum einen liebt er es, Dinge zu skalieren und mit großen Datenmengen zu arbeiten. Und in dieser Rolle verbrachte er seine ganze Zeit damit, Unternehmen in der Frühphase zu unterstützen. „Wenn es irgendwann in die Dimension kam, die ich spannend finde, dann war es schon wieder vorbei und ich wurde auf eine beratende Funktion reduziert." Der andere Grund war persönlicher Natur: die Geburt seines Sohnes in Hamburg im März 2018.

Thomas wurde CMO von myTaxi zu einer Zeit, als myTaxi noch vollständig im Besitz von Daimler war. Es war aber bereits klar, dass es mit BMW fusionieren würde, was zur Umbenennung in Free Now führte. Thomas war verantwortlich für das Marketing und verschiedene andere Bereiche. Er baute ein Growth-Team auf, das er inzwischen an die Produktabteilung übergeben hat, und war verantwortlich für Marketing, Daten, Kommunikation und das gesamte Ertragsmanagement: das Gleichgewicht auf dem Marktplatz, Incentives, Pricing und so weiter.

„Es war eher eine breitere CMO-Rolle, was in der Vergangenheit auch bei IONIQ und Goodgame der Fall war. Ich hatte in meiner Marketingfunktion schon immer ein starkes Interesse an Daten, dem kaufmännischen und operativen Geschäft." Im April 2022 wurde Thomas zum CEO ernannt.

Es ist eine ziemlich wilde Industrie, die ihn als CMO vor Herausforderungen stellte. „Es ist ein bisschen so wie Gaming damals, wo eine Menge Geld eingesetzt wird, wenn man es global betrachtet." Als Marktplatzgeschäft ist es besonders herausfordernd. Neben dem B2C-Fokus und zusätzlich zur Angebotsseite des Marktplatzes hat Free Now auch interessante B2B-Angebote.

„Es gibt einen komplett anderen Teil des Geschäfts, der geführt und vor allem ins Gleichgewicht gebracht werden muss. Die ganze Nachfrage nützt nichts, wenn man kein ausreichendes Angebot vorweisen kann. Wenn es nicht genug Scooter, Carsharing, Taxis oder private Mietfahrzeuge gibt, dann ist die User Experience ziemlich düster."

Deshalb muss ein konstantes Gleichgewicht auf der Makroebene aufrechterhalten werden. Aber das Gleiche gilt für die Mikroebene in verschiedenen Stadtteilen und zu unterschiedlichen Zeiten. Der Samstagabend auf der Reeperbahn stellt andere Anforderungen an den Service als der Dienstagmorgen und der Flughafen ist noch einmal eine ganz andere Situation. „Auf Stadtebene ist es ein komplexes Konstrukt, das es auszusteuern gilt. Mitunter quasi live."

Ein Teil seiner Aufgabe als CMO bestand darin, die Automatisierung zu verbessern. Preisanpassungen zu Spitzenzeiten erfolgen automatisch, und für

Incentivierungsstrategien auf beiden Seiten des Marktplatzes hat Free Now eigene Tools entwickelt, mit denen Kampagnen mit nur wenigen Klicks umgesetzt werden können. Bei zehn Ländern und verschiedenen Städten in jedem Land kann einen die Komplexität überwältigen, aber die Automatisierung sorgt dafür, dass die Dinge reibungslos laufen. „Wenn man keinen guten Automatisierungsgrad erreicht, ist es eigentlich unmöglich, das Ganze nur mit Manpower zu managen."

Angesichts seines breit gefächerten Hintergrunds überrascht es nicht, dass Thomas es nicht für sinnvoll hält, das Marketing isoliert zu betrachten. „Marketing wird von so vielen Dingen beeinflusst, sei es die Positionierung nach außen, die genauso über das Produkt erfolgt wie über die Kundenbetreuung, oder jeder Kontaktpunkt mit der Außenwelt."

Dasselbe gilt, wenn wir die tatsächliche Performance betrachten. „Wir geben Geld aus, wir sind dafür verantwortlich, dass Geld hereinkommt, aber dazwischen gibt es einen Produkt-Funnel. Und in diesem Kampf kann viel gewonnen oder verloren werden. Dasselbe gilt für die Kundenbindung – ich kann viele Maßnahmen ergreifen, über Reaktivierung nachdenken und so weiter. Aber am Ende trägt auch das Produkt massiv zur Kundenbindung bei. Marketing kann isoliert nicht gut funktionieren, sondern es muss eine starke Zusammenarbeit mit den anderen Bereichen des Unternehmens geben – in unserem Fall mit Betrieb und Produkt." Seiner Meinung nach sind viele Unternehmen noch nicht so weit.

Performance-Marketing: eine Marketingstrategie, die auf messbare Ergebnisse (→ Conversion Rate, → Key Performance Indicator) ausgerichtet ist und Daten zur Entscheidungsfindung nutzt

Dies ist vergleichbar mit der Aufteilung zwischen Markenmarketing und Performance-Marketing. Auch in dieser Trennung sieht Thomas keinen Sinn. Immer wieder kommt er auf ein Unternehmen zurück, das von Anfang an einen Wachstumsansatz verfolgt hat, der Marketing und Produkt kombiniert: Spotify. Dass sie sich gegen Apple Music behaupten, gibt ihnen aus seiner Sicht Recht.

Ein Marketeer muss in der Lage sein, die Dinge richtig zu orchestrieren, sagt er. „Dafür muss man im Prinzip genug Verständnis haben, um die richtigen Fragen zu stellen und die Experten für Performance-Marketing und Marke angemessen zu fordern und zu führen." Er glaubt auch, dass es viele Vorteile hat, wenn man auch in den angrenzenden Bereichen Kenntnisse hat.

„Die Zeiten, in denen man als CMO kein gutes Verständnis für Daten hatte, sind ohnehin schon eine Weile vorbei, selbst auf der Markenseite. Und wenn man das weiterspielt, ist es für jeden Brand Manager wichtig, das eigentliche Geschäft gut zu verstehen, die Geschäftsmechanik und dementsprechend auch, was tatsächlich im operativen Bereich passiert."

Zusätzlich zum Verständnis für Marketing und Daten müssen Marketeers laut Thomas die Geschäftsmechanismen und ihre eigenen Kunden ziemlich gut verstehen. Nur dann können sie den Kunden besser ansprechen und die Maßnahmen maßschneidern. Er räumt ein, dass er hier die Brille eines Technologieunternehmens trägt und dass die Bilanz von Marken wie Louis Vuitton anders ausfallen kann.

Aus seiner Sicht wird die Rolle der Kreativität wieder zunehmend wichtiger. Die Zeit, in der plötzlich alles messbar war, ist vorbei. Vor ungefähr einem Jahrzehnt brach die Kluft zwischen Performance- und Brand-Marketing auf. Es gab eine Verlagerung hin zum Performance-Marketing, weil es nachvollziehbar und messbar war. Mit einem Wort, es war die Zukunft.

„Das war damals auch der Fall, weil es neu war. Damals konnte man sich noch Vorteile verschaffen. Aber das ist inzwischen nicht mehr der Fall. Und ich denke, es wird wieder deutlicher, dass Marketing als ein großes Ganzes funktionieren muss."

Kreativität kann sich da in vielerlei Hinsicht ausleben. Eine davon sind neue Ansätze im heutigen Marketing. „Man kann nicht einfach drei Jahre lang das Gleiche machen und denken, dass es immer super ist. Zunächst einmal muss man viele Dinge ausprobieren, die man in der Vergangenheit noch nicht gemacht hat, und man muss viel darüber nachdenken."

Welche Maßnahmen ermöglichen es Marken, nachhaltiges Wachstum zu erzielen? Kurzfristige Maßnahmen wie Incentivierung müssen im Einklang mit längerfristigen Maßnahmen wie Markenpositionierung und Kundenbindung stehen.

„Das erfordert eine Menge Kreativität. Dennoch gibt es auch klassische kreative Marken- und Awareness-Kampagnen, die ein ganz klares Ziel verfolgen. Das Verständnis dafür, kreative Wege finden zu müssen, um diese Balance zwischen kurz-, mittel- und langfristigen Zielen zu schaffen, ist heute wahrscheinlich stärker denn je."

Wenn es um Marketingprioritäten geht, hat Thomas eine klare, prägnante, fast klassische Sichtweise. An erster Stelle nennt er den effektiven und effizienten Einsatz von Budgets, abhängig von der Strategie und den Zielen des Unternehmens. Die zweite Priorität für das Marketing sieht er darin, das Unternehmen zu führen und in die richtige Richtung zu lenken.

„Wie bringe ich den wirtschaftlichen Erfolg in Einklang mit dem, was der Kunde eigentlich möchte? Und wie kann ich den Kunden verstehen? Der Advokat des Kunden zu sein ist also nichts, was ich zu 100 Prozent unterschreiben würde. Will der Kunde etwas, was nicht gut für das Unternehmen ist? Unsere Aufgabe ist es, die Wünsche unserer Zielgruppe, die Wünsche des Marktes, mit den wirtschaftlichen Zielen in Einklang zu bringen."

Takeaways

① Marken- und Performance-Marketing müssen als Ganzes betrachtet werden.

② Kreativität gewinnt wieder an Bedeutung.

③ CMOs brauchen ein gutes Verständnis für Daten.

④ Marketing funktioniert nicht gut in Isolation.

262

Michael vom Sondern — Geschäftsführer und CMO, onQuality, ehemals Global Head of Digital Marketing & Sales bei tesa

„Digitalisierung ist viel, viel anstrengender als alles, was ich bisher gemacht habe. Das musst du erst mal einem Unternehmen erklären, das auch ohne Digitalisierung sehr erfolgreich ist."

Michael vom Sondern

Geschäftsführer und CMO, onQuality, ehemals Global Head of Digital Marketing & Sales bei tesa

— Geboren und aufgewachsen in Hamburg
— Schon früh von der Geschäftswelt fasziniert
— Entdeckte seine Leidenschaft fürs B2B-Marketing bei Beiersdorf
— Mitgründer von drei Unternehmen

[1] — **Recke, Martin** (2021). Welcome to the future. NEXT Insights.

In den Jahren der Pandemie haben wir viel über Veränderungen im Verbraucherverhalten und Verschiebungen in der Nachfrage gesprochen und darüber, was das alles für das Marketing bedeutet. In diesen Diskussionen wurde Marketing oft kurz für Business-to-Consumer (B2C) verwendet. Was wir manchmal übersehen, ist der massive Wandel des Marketings im Bereich Business-to-Business (B2B), den die Pandemie ebenfalls beflügelt hat.

B2B-Marketing stand viele Jahre und in vielen Branchen vor allem für glänzende Verkaufsprospekte, Messeauftritte zur Lead-Generierung und flächendeckende, mit Dienstwagen bewaffnete Vertriebsteams. Dann schlug die Pandemie zu. Messen wurden ausgesetzt und Geschäftsreisen eingestellt. Plötzlich meldeten sich die Geschäftskunden und sagten: „Bitte kommen Sie nicht vorbei, ich bin sowieso nicht da. Ich bin zu Hause und möchte nicht in meiner Küche über Ihr Produkt sprechen. Schicken Sie mir einfach die Daten."

Das Spiel änderte sich völlig, und zwar über Nacht.

Ob B2B oder B2C, jede Branche musste sich ihrem eigenen digitalen Reifegrad stellen. **[1]** Für viele Unternehmen löste dies eine Reihe von Investitionen aus. B2B-Unternehmen begannen, mit einer digitalen Realität Schritt zu halten, die im B2C-Bereich schon seit vielen Jahren die neue Normalität war. Es war gerade der enorme Erfolg des alten Modells, der etablierte B2B-Unternehmen daran gehindert hatte, sich auf das neue Modell einzulassen.

Aber zu spät zur Party zu kommen hat auch seine Vorteile. Die digitale Technologie ist ausgereift, viele Lektionen sind bereits gelernt, und ein erfolgreiches Unternehmen erwirtschaftet zumindest genug Geld, um die notwendigen Investitionen zu stemmen. Außerdem mussten nicht viele Unternehmen im Frühjahr 2020 bei null anfangen – die meisten hatten schon längst damit begonnen. Die Pandemie diente lediglich als Beschleuniger.

Im Juli 2017 kehrte Michael vom Sondern zu tesa zurück, dem Hamburger Unternehmen, bei dem er 1998 als BWL-Student seine Karriere begonnen hatte. Zum Zeitpunkt seines Comebacks war Beiersdorf, der Eigentümer von tesa, von der Schadsoftware „Petya/NotPetya“ betroffen, die zur Erpressung von Unternehmen eingesetzt wurde. Viereinhalb Tage lang ging in den 17 Fabriken von Beiersdorf in aller Welt nichts mehr. Alle Fließbänder standen still. Auch Computer, Laptops und Telefonanlagen waren offline.

In der weltweiten tesa-Zentrale in Norderstedt bei Hamburg fanden tägliche Townhall-Meetings statt. Tausend Menschen lauschten den Durchhalteparolen der Geschäftsführung: „Wir arbeiten daran. Das böse Virus hat uns lahmgelegt. Das zeigt, wie wichtig die IT ist. Das sind nur die Schattenseiten der Digitalisierung.“ Und dann: „Michael vom Sondern ist übrigens jetzt wieder da. Und er wird in den nächsten Jahren die Digitalisierung bei tesa aufbauen.“

Michael schmunzelt, wenn er sich daran erinnert, wie mit einem Computervirus das Thema Digitalisierung und zugleich er in seine neue Rolle eingeführt wurden: „Ja, ein

EBIT: das Ergebnis vor Zinsen und Steuern; ein Indikator für die Rentabilität eines Unternehmens

klassischer Fehlstart." Er habe die Digitalisierung nie als Allheilmittel gesehen. Nur weil etwas digitalisiert sei, bedeute das nicht, dass es auch funktioniert.

„Ganz im Gegenteil. Digitalisierung ist viel, viel anstrengender als alles, was ich bisher gemacht habe. Das musst du erst mal einem Unternehmen erklären, das auch ohne Digitalisierung sehr erfolgreich ist."

Nach seiner Ausbildung stieg er Anfang der 2000er-Jahre bei tesa ein, damals noch der Underdog des Beiersdorf-Konzerns. Beiersdorf ist mit seiner alles überstrahlenden Marke Nivea ein ausgesprochenes B2C-Unternehmen, während tesa trotz seiner bekannten Verbrauchermarke überwiegend im B2B-Bereich tätig ist. 2001 wurde tesa in ein eigenständiges Unternehmen ausgegliedert, ist aber bis heute eine 100-prozentige Tochtergesellschaft geblieben. Was sich geändert hat, ist der Status des Underdogs.

„Wir sind die ‚Margenbringer'", bemerkt Michael nicht ohne Stolz. „Wir liefern jedes Jahr echtes EBIT, sogar mehr als Nivea."

Das war das Umfeld, als er ankam, die Digitalisierung als das nächste große Ding anpries und darüber nachdachte, wie man tesa noch besser machen könnte.

„Am Anfang hat man nicht viele Zuhörer und bekommt nicht viel Applaus, aber dann fangen die Leute an zu fragen: ‚Okay, wo? Wie? Was heißt das?'" Michaels Ansicht nach besteht die Digitalisierung aus Prozessen, Technologie und Menschen.

[2] — **Drucker, Peter F.** (1954). The Practice of Management. Harper.

Aber die größten Probleme sind nach seiner Einschätzung die Menschen und die Veränderung – das gilt auch für Marketing und Vertrieb.

Die größte Herausforderung, vor der viele B2B-Unternehmen stehen, ist der Wechsel von der Produkt- zur Kundenzentrierung. Dieses Konzept geht auf Peter Drucker zurück, der 1954 schrieb: „It is the customer who determines what a business is, what it produces, and whether it will prosper." **[2]** Die Kundenzentrierung gewann im B2C-Marketing an Einfluss und hielt über nutzerzentriertes Design Einzug in die digitale Industrie. Die großen Technologieunternehmen von heute haben sich alle dieses Konzept zu eigen gemacht.

Es entbehrt nicht einer gewissen Ironie, dass das Mutterschiff von tesa, Beiersdorf, der Kundenzentrierung aufgrund seiner Herkunft aus der Konsumgüterindustrie näher stand. In der Zwischenzeit steckte tesa immer noch in der Produktzentrierung fest, nicht zuletzt, weil seine Produkte so gut sind. Man ist versucht zu glauben, dass es ausreicht, nur diese Qualität über digitale Kanäle zu kommunizieren. Aber so funktioniert es nicht.

„Wir müssen mehr darüber nachdenken, wann sich unsere Kunden für welche Informationen interessieren", erklärt Michael. „Und das sind nicht immer nur Produktinformationen, wie die großartige Performance der Klebekraft. Unsere Kunden wachen nicht morgens auf und sagen: ‚Hoffentlich finde ich heute ein Klebeband, das 14 Newton pro Quadratzentimeter hält.'"

Customer Journey: die gesamte Geschichte der Interaktion zwischen Kunden und Unternehmen

Die Herausforderung besteht darin, in der digitalen Welt eine gewisse Relevanz für potenzielle Kunden zu schaffen. „Du hast tausend kluge Wissenschaftler, die großartige Produkte bauen, aber du hast auch tausend Verkäufer, die sagen: ‚Hey, wenn er das Ding nicht versteht, erkläre ich es ihm. Kein Problem, ich fahre dahin.'"

Und dann kam die Pandemie. Das Spiel hat sich komplett verändert und dieser Wandel beschleunigt sich.

„Jetzt kommen wir dem Kundenerlebnis, das wir schaffen müssen, ein Stück näher. Wir fangen gerade erst an, die Kunden zu verstehen. Es klingt elementar, aber das Verständnis der Kunden, der Kundenbedürfnisse, der Customer Journey, das allein ist die Grundvoraussetzung für alles Weitere."

Dieses Verständnis zu vermitteln und dann die Marketingteams darauf einzustellen ist die größte Herausforderung im Vertrieb. „Marketing und Vertrieb gehen für mich Hand in Hand. Gerade im B2B-Kontext gehört also alles zusammen." Die Digitalisierung forciert die Kundenorientierung und damit die enge Verzahnung der beiden Disziplinen.

Während Messen zwei Jahre lang ausfielen, bekam der Vertrieb über das Marketing dennoch Leads in sein CRM. Die Leads waren vorqualifiziert, aber die Vertriebsmitarbeiter mussten trotzdem noch nachfassen. Michael gibt zu, dass es diesen Prozess vor zwei Jahren noch nicht gab. Heute aber hat tesa den Grundstein gelegt, alles aufgebaut und strebt

Michael vom Sondern — Geschäftsführer und CMO, onQuality, ehemals Global Head of Digital Marketing & Sales bei tesa

„Es klingt elementar, aber das Verständnis der Kunden, der Kundenbedürfnisse, der Customer Journey, das allein ist die Grundvoraussetzung für alles Weitere.“

Upper Funnel: der Teil des Marketings – oft Werbung –, der darauf abzielt, eine Marke oder ein Produkt bekannt zu machen und neue Zielgruppen anzusprechen

Customer Insights: das Verständnis von Kundendaten, -verhalten und -feedback

bereits die nächste Stufe an: ein viel besseres Verständnis des Kunden zu haben, aber auch Neues auszuprobieren.

Was funktioniert gut? Passen die Inhalte, die tesa erstellt? Wo passt es nicht? Wie kann tesa vermeiden, den Kunden zu überfordern? Welche Rolle spielt der Sales-Touchpoint? Welche Rolle spielt Self-Service? All diese Fragen, räumt Michael ein, sind noch immer unbeantwortet.

„Bis zu 60 oder 70 Prozent der Reise hat der Kunde bereits hinter sich, bevor er uns anruft." Michaels Aufgabe war es, diesen Teil der Customer Journey besser zu verstehen und relevante Inhalte für die frühen Phasen (oder den „Upper Funnel" im heutigen Marketingjargon) zu entwickeln.

Was macht seiner Meinung nach heute einen guten CMO aus? Die Zusammenstellung der Marketingteams mit den relevanten Disziplinen, einschließlich Customer Insights und Research, verbunden mit Branding-Experten, die das Produkt verstehen und eine Industriemarke aufbauen können. Dann muss das Team auf globaler Ebene für eine schnelle Umsetzung sorgen.

Aus Michaels Sicht kann ein guter CMO die Geschichte erzählen, warum digitale Kanäle und die heutige Komplexität ein Marketingsystem mit gewissen Fachkenntnissen erfordern. Dies muss dann mit der Fähigkeit kombiniert werden, ein Team so aufzubauen, dass die unterschiedlichen Kompetenzen harmonisch ineinandergreifen.

Customer Journey Mapping: der Prozess der Abbildung der → Customer Journey

„Der CMO braucht eine gewisse Vision, wohin das Ganze gehen soll, denn man stellt viele Leute ein, die frustriert sind, wenn sie das erste Mal ins Unternehmen kommen. Ein guter CMO kann das abfedern und diesen kreativen Menschen einen geschützten Raum geben." Er empfiehlt, Raum für Experimente zu schaffen. „Scheitern und Fehler machen gehört zur Arbeit."

Die Erschließung der Macht der Daten, um zu wissen, was funktioniert – oder „Funnel-Transparenz" –, ist eine der obersten Prioritäten, die er für Marketingexperten sieht. Eine andere ist, die Kundenbedürfnisse mit den strategischen Zielen eines Unternehmens abzugleichen. „Dazu muss man zuerst die Kundenbedürfnisse verstehen. Mit der externen Perspektive beginnen, nicht mit der internen."

Eine weitere Priorität ist die Umsetzung. „Ideen werden zerredet und zu früh verworfen, bevor sie umgesetzt werden können, daher hat eine schnelle Umsetzung absolute Priorität." Deshalb braucht das Marketing Experten, die mit Daten umgehen können, die Prozesse verstehen und wissen, ob die richtigen Daten erhoben werden. Michael rät davon ab, wesentliche Dinge wie Customer Journey Mapping und Customer Insights auszulagern.

„Im B2B-Marketing stehen nach wie vor das Produkt und seine Features im Vordergrund. Der Preis wird sehr ernst genommen, zumindest aus meiner Erfahrung hier bei tesa", fügt er hinzu. „Ich kenne nur wenige B2B-Marken, die wirklich kundenzentrierte Werbung betreiben. Gerade im

B2B-Kontext ist das noch etwas unterentwickelt. Es ist also eine andere Situation als im Verbrauchermarketing."

Als er während seiner Ausbildung bei Beiersdorf zum ersten Mal mit der Welt des Verbrauchermarketings in Kontakt kam, war er enttäuscht. „Die Marketingagenturen haben uns damals ziemlich viel, ich will nicht sagen, Mist erzählt, aber ... ich habe manchmal nicht verstanden, was da eigentlich passiert, was die Botschaft an den Verbraucher sein soll. Das fand ich abschreckend. Ich habe dann gemerkt, das ist es irgendwie gar nicht. Man hat ständig mit Agenturen zu tun. Und eigentlich soll das Marketing etwas vorspielen, was der Konsument gar nicht braucht. Und das hat mir gezeigt, dass ich dort nicht wirklich zu Hause bin."

Während des Studiums an der Hamburger Wirtschaftsakademie Ende der 1990er-Jahre traf er einmal Oliver Sinner, der dort studiert hatte, bis er kurz vor den Abschlussprüfungen abbrach, um anschließend SinnerSchrader zu gründen und an die Börse zu gehen. „Wir haben den Film und das Unternehmertum und die Börse und die Roadshow gesehen und das fanden wir natürlich alle total cool. Ich war damals kurz davor, die ganze Konzernkarriere an den Nagel zu hängen, in die neuen Medien zu gehen und etwas mit Digital zu machen." Doch dann fand er seine Berufung bei tesa.

Ein Jahrzehnt später, 2009, kam ein ehemaliger Kommilitone mit einem Angebot auf ihn zu, das er nicht ablehnen konnte: gemeinsam ein Unternehmen

Inbound-Marketing: die Gewinnung von Kunden durch die Entwicklung von Inhalten und Erlebnissen für sie (→ Earned Media und → Owned media)

agil: ein iterativer Ansatz für die Softwareentwicklung, der verwendet wird, um auf Veränderungen zu reagieren; wird auch in anderen Kontexten eingesetzt, zum Beispiel im Marketing

aufzubauen. Es war verlockend. Michael war noch Anfang 30, verheiratet, hatte ein Kind und hielt das Risiko für überschaubar. „Ich hatte immer noch diese quälende Frage: ‚Was hast du noch verpasst?' Es gibt noch andere Dinge, die passieren. Bis zur Rente kann ich nicht nur bei tesa arbeiten. Es kommt noch etwas anderes und diese Gelegenheit hat mich gefunden."

Dieses Gefühl, etwas Neues aufzubauen, wieder eine Herausforderung zu haben, etwas Großes zu schaffen, viel Freiheit, viel Verantwortung und Vertrauen zu haben, war verlockend. Er wusste, dass sich diese Art von Gelegenheit nicht jedes Jahr bietet. Er musste sie ergreifen. Er war mit ganzem Herzen dabei. Der Kopf brauchte noch etwas Zeit. Schließlich kündigte er bei tesa und nahm das Angebot an.

Das erste Projekt, eine Business-Intelligence-Lösung, konzentrierte sich auf zwei Branchen: Schifffahrt und E-Commerce. Aber nach der Krise in der Schifffahrtsbranche beschlossen Michael und sein Partner, das Unternehmen zu verkaufen und das Geld in die E-Commerce-Story zu stecken. Sie haben ihr Beratungsgeschäft in ein Cloud-basiertes Software-as-a-Service-Modell umgewandelt. Dadurch lernte er Themen wie Inbound-Marketing, Content-Marketing, Digital Sales und agile Softwareentwicklung kennen, aber auch die Welt von Finanzierung, Venture Capital, Skalierung und Internationalisierung.

Ein drittes Projekt, die Vermarktung von Reichweite im Amateurfußball, verkomplizierte sein Leben zusätzlich. Kurz nachdem er bei tesa gekündigt hatte, kam die Nachricht, dass seine Frau und er bald Zwillinge bekommen würden. „Plötzlich sind wir von einem auf drei Kinder gewachsen. Ich habe meiner Frau viel zugemutet und konnte die Entscheidung nicht rückgängig machen."

Jahre später trieb ihn die Komplexität seines beruflichen und familiären Lebens zurück zu tesa. „Ich habe die Work-Life-Balance nicht richtig hinbekommen und musste mich für das eine oder andere entscheiden. Klar, dass ich mich für meine Familie entschieden habe." Seine Arbeit ist immer noch komplex. Aber zu seiner großen Erleichterung ist er nicht länger dafür verantwortlich, 35 Familien in Lohn und Brot zu halten.

Kurz nach unserem Gespräch verließ Michael tesa zum zweiten Mal, um Geschäftsführer und CMO von onQuality zu werden, einem SaaS-Anbieter. In gewisser Weise ist es eine weitere Rückkehr – diesmal in die Welt von E-Commerce-Beratung und Software as a Service.

Takeaways

① Der Wechsel von der Produkt- zur Kundenorientierung ist eine große Herausforderung für viele B2B-Unternehmen.

② Das größte Problem für Marketing und Vertrieb ist der Mensch, der sich dem Wandel stellt.

③ Ein guter CMO muss Raum für Experimente schaffen.

④ Eine schnelle Umsetzung ist der Schlüssel zum Erfolg.

276

Jenny Gruner — Director Global Digital Marketing, Hapag-Lloyd

„Algorithmen lassen sich programmieren. Das funktioniert weniger gut mit Menschen.“

Jenny Gruner

Director Global Digital Marketing, Hapag-Lloyd

— In Rostock geboren und aufgewachsen, bezeichnet sie sich selbst als echtes „Nordlicht"
— Stammt aus einer Familie pragmatischer Problemlöser
— Enkelin eines Kapitäns, was zwar nicht ausschlaggebend für ihren Einstieg bei einer Reederei war, sie aber gelehrt hat, über den Tellerrand zu schauen
— Hat bei eprofessional das digitale Marketing von der Pike auf gelernt

Conversion Rate: der Anteil aller Besucher oder Personen, die mit einer Anzeige interagieren, die ein bestimmtes Ziel (eine Conversion) erreichen, zum Beispiel sich für einen Newsletter anmelden oder ein Produkt kaufen

Jenny Gruner liebt es, komplexe Probleme frontal anzugehen. Dann kommt die Analytikerin in ihr zum Vorschein. Sie hat vor ihrem BWL-Studium Biologie studiert und weiß daher aus erster Hand, wie es ist, sich mit Komplexität auseinanderzusetzen ... und wie wichtig Einfachheit ist. „Wenn ich es mir selbst erklären kann, dann kann ich es auch verkaufen."

Sie vergleicht *Die Sendung mit der Maus* mit der Welt des Business-to-Business (B2B). Dort gibt es viele spannende Themen, die der Endverbraucher einfach nicht sieht. Und gerade in Deutschland, dem Weltmarktführer der Hidden Champions gleichauf mit China, gibt es viel zu entdecken. Jenny geht gerne in den Maschinenraum, anstatt nur auf die glänzende Chromoberfläche zu schauen.

„B2B hat viel brachliegendes Ackerland, weil es einfach hinter B2C zurückliegt. Man kann also viel Land bestellen. Das bedeutet, während man im B2C vielleicht die Conversion Rate um 0,2 Prozent steigern kann, hat man im B2B ganz andere Wachstumschancen, und das macht einfach Spaß. Dieses Aufbauen, die Ärmel hochkrempeln und loslegen, merke ich immer wieder, ist genau meins."

Jennys Appetit auf Komplexität führte sie in die Logistikbranche, weil sie eben komplex ist. Bei Hapag-Lloyd, wo sie als Director of Global Digital Marketing fungiert, sind die Aufgaben noch umfassender, denn das Unternehmen ist in 137 Ländern aktiv. Es ist also wirklich global. Viele Branchen stehen derzeit vor großen Herausforderungen in Bezug auf die globalen Lieferketten. Die hohe Nachfrage

agil: ein iterativer Ansatz für die Softwareentwicklung, der verwendet wird, um auf Veränderungen zu reagieren; wird auch in anderen Kontexten eingesetzt, zum Beispiel im Marketing

Scrum: ein → agiles Framework für die Entwicklung von Software und anderen Produkten

nach Gütertransporten stellt Hapag-Lloyd vor die Herausforderung, sie zu bewältigen. Das motiviert sie, trotz schwieriger Umstände ein positives Erlebnis für den Kunden zu schaffen.

Die enorme Komplexität hat auch erhebliche Auswirkungen auf das Marketing. Jenny ist überzeugt, dass Marketingorganisationen, wie auch andere Unternehmensbereiche, agiler werden sollten. „Wenn wir nicht agil sind, können wir nicht so gut planen. Schließlich ändern sich die Dinge auf dem Markt so schnell. Die Komplexität ist hoch und wir sollten die Maßnahmen auf den Kunden ausrichten. Das bedeutet, dass die Weichen in Richtung kundenzentriertes Marketing gestellt werden sollten. Agiles Marketing ist hier definitiv das Wort der Stunde."

Häufig sind Unternehmen immer noch funktional, hierarchisch und in Silos strukturiert, was in ihren Augen oft zu Unzufriedenheit führt. Schließlich lassen die eher formalen, offiziellen Wege wenig Raum für Selbstbestimmung.

Welches Organisationsmodell für welche Organisation das richtige ist, hängt freilich vom jeweiligen Marketingbereich und dem Unternehmen ab. Ob man mit funktionsübergreifenden Teams startet, um erste Erfahrungen zu sammeln, ob man agile Methoden wie Scrum ausprobiert, um sich Schritt für Schritt von traditionellen Vorgehensweisen zu lösen, oder ob man sich langfristig auf flexible, kundenzentrierte Teams einstellt, die im

[1] — Fernandes, Thaisa (2017). Learn More About the Spotify Squad Framework — Part I. PM101.

Customer Journey: die gesamte Geschichte der Interaktion zwischen Kunden und Unternehmen

Projektmodus zusammenarbeiten, bis hin zum Spotify-Modell, dass mit Tribes und Chapters arbeitet **[1]**, muss jedes Unternehmen für sich definieren. Es kommt auch immer auf die Voraussetzungen an, zum Beispiel ob man Shared Services in globalen Unternehmen hat, wo Rahmenbedingungen global geschaffen, aber lokal ausgefüllt werden.

Eine der wichtigsten Herausforderungen für das Marketing sieht Jenny darin, Kundenerlebnisse und eine kohärente Customer Journey über alle Kanäle und Geräte hinweg zu schaffen. Zugegeben, das ist nicht gerade der neueste Trend, aber in vielen Unternehmen noch weit entfernt vom Ideal, wie es die Theorie beschreibt. „Es ist wichtig zu schauen, welche Bedürfnisse meine Kunden haben, welche Kanäle sie nutzen und mit welchen Botschaften ich an meinen Touchpoints sein muss. Welche Daten muss ich mir anschauen und welche Technologien werden dafür benötigt?"

Jenny spricht das Thema Daten selbst als Herausforderung an. „Wir alle haben mehr als genug Kundendaten. Die Frage ist, wie wir sie effizient nutzen können. Immer mehr Datenpools und Quellen kommen hinzu, aber worauf kommt es wirklich an?" Daher ist es notwendig, sich auf relevante Daten zu konzentrieren und eine Datenstrategie nicht nur für das Marketing, sondern für das gesamte Unternehmen zu entwickeln. Der Aufbau von Datenkompetenz und das Aufbrechen von Silos sind hier entscheidend. Das Thema Kollaboration birgt gerade in traditionellen Unternehmen seine eigenen Hürden.

[2] — **Recke, Martin** (2019). Making sense in a VUCA world. NEXT Insights.

„In vielen Unternehmen existieren noch immer unzählige Silos nebeneinander. Wenn es darum geht, eine übergreifende Customer Journey abzubilden, müssen verschiedene Bereiche zusammenarbeiten. Und damit meine ich nicht nur Marketing und Vertrieb: Produktentwicklung, IT und andere müssen sich einbringen und übergreifende Kompetenzteams bilden, um an der Customer Experience zu arbeiten."

Die Erwartungen an Mitarbeiter generell, welche Fähigkeiten sie mitbringen sollten, werden immer anspruchsvoller. Marketeers brauchen technologische Kompetenzen, wie die Fähigkeit, mit Daten zu arbeiten, sie zu analysieren und zu interpretieren, und ein solides technisches Verständnis. Digitale Fähigkeiten wie virtuelles Arbeiten und agile Methoden, um schnell auf den Markt reagieren zu können, sind weitere Punkte.

Soft Skills sind schließlich die Voraussetzung, um sich in einer Welt zu bewegen, die von Volatilität, Unsicherheit, Komplexität und Ambiguität (engl. VUCA) geprägt ist. **[2]** Die wichtigste dieser Fähigkeiten ist die Kollaboration. Silos müssen aufgebrochen werden, Vernetzung und Kooperation müssen sich gegen Hierarchien durchsetzen, wenn es darum geht, ganzheitlich auf den Kunden einzugehen.

„Besonders wichtig im Marketing ist auch das Thema Kreativität, denn es ist die Voraussetzung für Innovation. Lebenslanges Lernen ist ein weiteres wichtiges Merkmal, weil sich so viel verändert. Menschen sollten darauf achten, immer auf dem neuesten Stand zu sein, und sich weiterentwickeln wollen, denn die Halbwertszeit des Wissens ist so kurz geworden und alles geht so schnell, dass man nicht mehr hinterherkommt."

Die Frage, ob Marketingkapazitäten intern aufgebaut oder ausgelagert werden sollten, muss ihrer Meinung nach von Fall zu Fall entschieden werden, da dies vom digitalen Reifegrad des Unternehmens abhänge.

„Wichtig ist: Dienstleister und Agenturen sollten nicht länger als verlängerte Werkbank, sondern eher als interne Kapazitäten betrachtet werden. Wenn ich also einen Dienstleister habe, sollte ich ihn so weit wie möglich befähigen, meine Geschäftsprozesse zu verstehen und nicht nur an seinem kleinen Silo zu arbeiten, sondern sein kleines Silo im Gesamtkontext zu sehen."

Ob Inhousing oder externe Unterstützung – es kommt darauf an, wie das Unternehmen tickt. Auch der Fachkräftemangel spielt dabei eine Rolle. Auf dem Markt werden derzeit vermehrt Online-Marketeers gesucht, was einen Einfluss auf diese Entscheidung hat.

„Das ist selbst für Hapag-Lloyd, ein großes Unternehmen mit einer großen Marke, nicht so einfach. Ich weiß von Freunden und Kollegen, die bei Hidden Champions sind, dass sie viel größere Probleme haben als ich. Es ist also ein sehr individueller Weg, den jedes Unternehmen für sich finden muss. Wichtig ist, dass es agil, sehr eng verzahnt und koordiniert ist, sodass auch Dienstleister stärker eingebunden werden, als das früher der Fall war."

[3] — Kotler, Philip (2016). Marketing 4.0: Moving from Traditional to Digital. Wiley.

vier Ps: die Schlüsselfaktoren des Marketings im klassischen Marketingmix: Product, Price, Place und Promotion

Das Marketing habe in den letzten Jahrzehnten seine Souveränität in Bezug auf geografische Marktstrategien und Preisdefinition verloren, auch an den Vertrieb, der an Einfluss gewonnen habe. In traditionellen Unternehmen wurde Marketing auf Promotion reduziert, nur eines der vier Ps des Marketingmix. Andererseits wird Marketing durch die aktuelle Entwicklung hin zur Kundenzentrierung eine neue Bedeutung bekommen.

„Nutzerverhalten, Kaufverhalten, Suchverhalten, all diese Dinge haben sich verändert. Ich denke, dass das Marketing unglaublich weit voraus ist, wenn es darum geht, diese Daten zu entdecken und zu nutzen, insbesondere durch digitales Marketing. Das macht Marketing meiner Meinung nach zu einem der Treiber der digitalen Transformation."

Auch die Modelle von Marketing-Gurus wie Philip Kotler stellen die Bedürfnisse und Werte der Kunden im Zusammenhang mit der Digitalisierung in den Mittelpunkt. **[3]** Zum Fürsprecher des Kunden zu werden und eine kunden- und nutzerzentrierte Denk- und Handlungsweise anzunehmen, verschafft dem Marketing einen Vorteil, um wieder eine stärkere Position am Tisch zu erlangen. Jenny glaubt jedoch nicht, dass Marketing es alleine schaffen kann. Das wäre wieder ein Denken in Silos.

„Die Zauberwörter heißen hier Integration und Kollaboration: Integration in Bezug auf Kampagnen und die Customer Journey, damit alles ineinandergreift, und Kollaboration zwischen den verschiedenen Bereichen.

Inbound-Marketing: die Gewinnung von Kunden durch die Entwicklung von Inhalten und Erlebnissen für sie (→ Earned Media und → Owned media)

Tech-Stack: eine Kombination von Technologien, die quasi aufeinandergestapelt werden, um ein Produkt zu entwickeln

Marketing kann den Ton angeben, gerade durch Marketingautomatisierung und Inbound-Marketing. Ich sage mal ketzerisch, dass Marketing der neue Vertrieb ist", erklärt sie mit einem Augenzwinkern.

Der Bereich wächst heraus aus der reinen Promotion-Ecke mit Hilfe von Technologien und einer Denkweise, die das Marketing viel früher übernommen hat als andere Bereiche. Das bietet eine gute Chance, denn Studien haben auch gezeigt, dass Unternehmen mit starkem Marketing wirtschaftlich besser dastehen.

Jenny sieht zwei Seiten der digitalen Transformation. Die eine ist technologisch, mit Tech-Stacks, Algorithmen und ähnlichen Themen. Auf der anderen geht es um Menschen. Das ist der Aspekt, den sie herausfordernder und spannender findet. „Algorithmen lassen sich programmieren. Das funktioniert weniger gut mit Menschen."

Die Herausforderungen, mit denen sie konfrontiert war, als sie 2018 auf der grünen Wiese anfing, waren grundlegende technologische Herausforderungen: Aufbau eines Tech-Stacks, Einrichten von Tracking, Zusammenführen von Datenpools, Optimieren digitaler Assets und so weiter.

Eine weitere große Herausforderung war das Thema Customer Experience und Insights. Das bedeutete, die Kunden überhaupt erst einmal kennenzulernen. „Wir haben auch neue Produkte auf den Markt gebracht, bei

Objectives and Key Results (OKRs): ein Framework für die messbare Zielsetzung und Ausrichtung in Teams und Organisationen

denen wir die Zielgruppen nicht genau kannten. Wir mussten erst Insights generieren, dann darauf aufbauend Personas bilden und die Customer Journey definieren. Eine große Rolle spielte parallel auch das Thema Unternehmenskultur. Wir gingen also mit einer neuen Denkweise an den Start, bei der Kundenorientierung ganz oben auf der Liste stand und immer noch steht."

Sie haben neue, agile Arbeitsweisen etabliert. Und das kollidiert durchaus mit traditionellen Denk- und Arbeitsweisen.

„Es braucht Geduld, Ausdauer und viel Verständnis, um gemeinsam Schritt für Schritt einen Weg zu finden. Was uns geholfen hat, war die Arbeit mit OKRs. Das gibt uns eine Struktur und einen Prozess, und jeder hat seine eigenen Initiativen für die nächsten 90 Tage. So kommen wir Schritt für Schritt voran. Wir arbeiten mit Scrum und Kanban, und unser Mantra lautet ‚Build, Measure, Learn'. Wir optimieren immer wieder und schauen auch zurück, was wir aus den Daten noch lernen können. Und ein großer Faktor ist, dass wir versuchen, unsere Maßnahmen immer an den Bedürfnissen unserer Kunden auszurichten."

Das Leuchtturmprodukt von Hapag-Lloyd, das hier und bei der Transformation hilfreich war, ist Quick Quotes, ein erfolgreiches Online-Angebotstool. Das bedeutet, dass Kunden auf der Website ein Angebot für den Containertransport erhalten können. Wenn sie einen Container von Hamburg nach Singapur verschiffen möchten, erhalten sie von Quick Quotes eine Frachtrate.

Das mag aus B2C-Sicht trivial klingen, aber Quick Quotes war ein Meilenstein in der Schifffahrt, als Hapag-Lloyd es 2018 weltweit einführte. Früher riefen Kunden an oder schickten eine E-Mail, und es konnte bis zu zwei Tage dauern, bis sie eine Frachtrate hatten. Jetzt kann der Kunde 24 Stunden am Tag von überall auf der Welt eine Rate erhalten.

Takeaways

① B2B bietet enorme Wachstumschancen für das Online-Marketing.

② Marketingorganisationen sollten agiler werden.

③ Silos aufzubrechen und die Zusammenarbeit zu verstärken, ist immer noch eine Herausforderung, insbesondere in traditionellen Unternehmen.

④ Marketing kann ein Treiber der digitalen Transformation sein.

288

Ana Andjelic — Brand Executive und
eine der „World's Most Influential CMOs“ von Forbes

„Die besten Marken sind diejenigen, die sowohl materielle als auch immaterielle Eigenschaften haben. Aber sie müssen synchron sein, dieselbe Geschichte erzählen und dasselbe Versprechen einlösen.“

Ana Andjelic

Brand Executive und eine der „World's Most Influential CMOs" von Forbes

— Promovierte in Soziologie an der Columbia University
— Hat für Luxus- und Modemarken wie Rebecca Minkoff, Mansur Gavriel und Banana Republic gearbeitet
— Autorin von *The Business of Aspiration*
— Erkundet aktiv das Potenzial von Web3 und dezentralen autonomen Organisationen

Es gibt eine Frage, von der viele dachten, dass sie bereits beantwortet sei, die sich aber jetzt erneut stellt: Wie navigiert man durch eine tiefgreifende digitale Transformation? Der Übergang zu Web 2.0 dürfte für viele Unternehmen abgeschlossen sein, aber Web3 eilt auf uns zu und Ana Andjelic will darauf vorbereitet sein.

Sie hat ihre Rolle bei Banana Republic aufgegeben, um etwas Neues rund um die entstehenden Technologien des Kryptozeitalters aufzubauen. Um einen solchen Schritt machen zu können, hat sie zwangsläufig eine starke Meinung darüber, was Krypto für das Marketing bedeutet. Aber sie zögert, das Etikett Marketing auf sich selbst anzuwenden.

„Ich bezeichne mich nicht als Marketingexpertin, weil ich mich auf einem ganz anderen Weg befinde als andere Marketingprofis", erklärt sie.

Ana identifiziert sich eher mit der Idee eines Chief Brand Officers, weil sie auf ein breiteres Spektrum an Fähigkeiten zurückgreift, einschließlich ihres eigenen akademischen Hintergrunds in der Innovationssoziologie. Warum Soziologie? Weil Unternehmen eigenständige Gesellschaften sein können, mit eigenen Werten und einer eigenen Kultur. Sie weist darauf hin, dass einige Unternehmen ihre Werte so stark in ihrer Unternehmenskultur verankern, dass sie Teil der Markenerzählung werden.

Und die Idee der Erzählung ist tief in Anas Denken verwurzelt: „Die Verhaltensökonomie lehrt uns, dass wir nicht immer rationale Entscheidungen treffen. Wir werden von unserem Kontext, der Gestaltung unserer Umgebung, von unseren Mitmenschen und so weiter beeinflusst."

All diese Dinge müssen bei der Gestaltung von Marken- und Kommunikationsstrategien berücksichtigt werden, meint sie. Und warum? Weil Marken eigentlich Geschichten sind, immaterielle Werte, die den Wert eines Unternehmens massiv steigern können, wenn man es richtig anpackt.

„Die besten Marken sind diejenigen, die sowohl materielle als auch immaterielle Eigenschaften haben", erklärt Ana. „Aber sie müssen synchron sein, dieselbe Geschichte erzählen und dasselbe Versprechen einlösen." Man kann verstehen, warum jemand, der es gewohnt ist, über den immateriellen Wert eines Unternehmens nachzudenken, an NFTs und virtuellen Gütern interessiert sein dürfte.

Anas Überlegungen dazu sind tiefgreifend und langfristig. Auslöser dafür war ihre Doktorarbeit, in der sie begann, Websites mit physischen Einzelhandelsgeschäften zu vergleichen: Die Entscheidungen, die man bei der Gestaltung trifft, und die Art und Weise, wie man die Dinge positioniert, erzählen eine Geschichte. Das Zusammenspiel aller Faktoren beeinflusst das Kaufverhalten der Menschen. „Erst wenn man all dies bedenkt, entsteht eine Marke", sagt sie.

Und das führte sie zu einer Sichtweise des Marketings, das eine integrale Rolle im Leben der Menschen spielt und nicht nur andere Erfahrungen unterbricht.

„Wie kann man Marketing zu einem Teil des Lebens der Menschen machen? Wie schafft man Inhalte, die zu einer Kontaktaufnahme einladen? Wie gründet man Gemeinschaften von superbegeisterten Fans, wie sie beispielsweise Patagonia oder Harley-Davidson haben?"

Die Antwort ist natürlich eine Erzählung: eine, an der die Fans teilhaben und die sie mit Web3 möglicherweise auch entwickeln und nutzen können. Dies ist jedoch nicht die Vision einer reflexhaft Technikbegeisterten. Ana nimmt einige Technologien und technologiegetriebene Ideologien mit Vorsicht zur Kenntnis. Eines ihrer Beispiele für dunklere Folgen der Technologie ist die Sharing Economy, die ursprünglich ein stärker gemeinschaftsorientiertes Modell des Teilens versprach, am Ende aber bestehende Ungleichheiten reproduzierte – und verschärfte. Sie weist auf Ridesharing- und Lieferdienste hin, die Anreize für die Fahrer schaffen, so viel wie möglich zu arbeiten.

„Noch schlimmer ist, dass es in der derzeitigen aufstrebenden Wirtschaft, die wir haben, keinen Unterschied zwischen Arbeit und Freizeit gibt", sagt sie. „Im Grunde gehen wir alle unseren Leidenschaften nach. Wir sind alle Kreative. Wir sind alle Künstler. Wir sind alle wie ein Koch in einem Restaurant, wo alles Kunst ist, aber auch alles Kommerz."

Kunst und Kommerz stehen für sie nicht im Widerspruch. Sie sind tief miteinander verflochten. „Früher diente Kunst der Gesellschafts- und Kulturkritik – jetzt ist sie durch die Demokratisierung der Kuration ein Teil von Gesellschaft und

Kultur. Jeder kann seine Geschichte erzählen. Das ist großartig, aber es bedeutet auch, dass es keine objektive Sichtweise mehr gibt."

Dies ist der Übergang von der Ausbeutung der Kreativen durch Unternehmen zur Selbstausbeutung, was laut Ana wahrscheinlich die schlimmste Art ist. Und obwohl wir so reden, als ob die Creator Economy allen offen stehe, stimmt das einfach nicht. Eine alleinerziehende Mutter, die drei Jobs hat, um ihre Kinder zu ernähren, kann in einer solchen Wirtschaft kein Geld verdienen.

Und hier kommen Web3 und die zugrunde liegenden Technologien ins Spiel. Die Beziehung von Marken zur Kunst war schon immer eine kommerzielle, aber die kryptobasierte Tokenisierung bietet die Möglichkeit, diese Beziehung zu vertiefen und für alle Beteiligten lohnender zu machen. „Man kann nicht einfach eine schöne Anzeige oder einen schönen kuratierten Moment oder eine Kollaboration haben, die sich nicht verkaufen", sagt sie. „Das ist ein Misserfolg. Aber man kann mit Künstlern zusammenarbeiten und Sonderkollektionen schaffen, die Kunstwerke sind."

Um dies zu erreichen, müssen Unternehmen sich selbst als durchlässig betrachten, sodass die zentralen Narrative, die ihre Marken antreiben, von Stimmen innerhalb und außerhalb der traditionellen Organisationsstruktur entwickelt werden.

„Die besten Talente finden sich oft außerhalb der etablierten Konzerne und Unternehmen", meint Ana. Sie gehen ihren eigenen Weg mit ihren eigenen Unternehmen oder über die Creator Economy. Einige werden auch von den Reichtümern in den Technologieunternehmen angelockt. „Dies sind Menschen, die nicht nur in der Lage sind, etwas auszuführen, sondern auch reflektieren und überlegen, wie das, was sie tun, das Systemdenken beeinflusst und das, was alle anderen tun."

Um die Kreativität einer Marke anderen zugänglich zu machen, braucht man jedoch das, was Ana einen „Polarstern" innerhalb des Unternehmens nennt – jemanden, der eine kreative Vision bietet, um die sich die Organisation dreht. Die Person, die dazu beiträgt, die narrative Rolle zu definieren, an die sich das Unternehmen hält, ist selbstredend der CMO. Wenn der Sinn dafür stark genug ist, kann das Unternehmen sich öffnen und mit externen Kreativen zusammenarbeiten, um ihnen die Möglichkeit zu geben, sein Narrativ weiterzuentwickeln. Das eigene Narrativ der Marke ist sowohl stark genug als auch gut genug unter den internen Mitarbeitern verbreitet, dass der externe Visionär es ergänzt, anstatt davon abzulenken.

Aber das ist eine schwierige Aufgabe. Dieser Polarstern muss sich mit Systemen auskennen, insbesondere mit dezentralen autonomen Systemen, damit das ganze Unterfangen funktioniert.

„Jeder ist für einen Teil seiner Arbeit verantwortlich, aber die reflektierende Fähigkeit, sich vorzustellen, wie jedes Teil in ein System passt, ist immer noch sehr selten", meint Ana. Doch das ist es, was ein CMO der nächsten Stufe braucht.

„Offensichtlich ist auch Empathie sehr wichtig, und man muss außerdem mit der Technik vertraut sein", fährt sie fort.

Trotz ihrer Vorbehalte gegenüber der Creator Economy findet sie, dass es sich für Kreative lohnt, Zeit zu investieren, um an dieser verteilten Kreativität teilzuhaben. „Es geht darum, sich für den Erfolg zu rüsten", argumentiert sie. „Man ist nicht darauf angewiesen, dass das traditionelle Establishment einem Jobs gibt."

Eine ganze Generation schafft ihre eigenen Arbeitsplätze, und ein intelligenter Markenerzähler wird herausfinden, wie er mit diesen Menschen arbeiten kann, nicht nur gegen sie.

„Die jüngeren Generationen finden ihre Bestätigung bei Gleichaltrigen in der kreativen Arbeit und das verändert die Arbeitswelt immens", sagt sie. Der Kampf um kreative Talente wird immer komplizierter.

Um in diesem Wettbewerb zu überleben und erfolgreich zu sein, müssen Sie Ihr Unternehmen möglicherweise umstrukturieren. In einem Unternehmen muss jedes einzelne Mitglied die zugrunde liegende Markenerzählung und seine eigene Rolle bei deren Weiterentwicklung verstehen. Die traditionelle Marken- oder Marketingrolle beginnt sich im Unternehmen zu verbreiten, und Web3 eröffnet Möglichkeiten, dies auch in tokenbasierten Eigentumsmodellen widerzuspiegeln.

Es handelt sich um eine andere Form des Vertrauensmodells innerhalb des Unternehmens. Organisationen sind darauf ausgelegt, Vertrauen zu schaffen. Wenn Sie bei einem Unternehmen angestellt sind, schafft dies das Vertrauen, dass Sie am Ende des Monats bezahlt werden.

„Aber wenn ich einen Token habe, weiß ich, dass ich bezahlt werde, weil ich ein Stück davon besitze und es überprüfbar ist", sagt Ana. „Das untergräbt die traditionellen Vertrauensmechanismen für den Aufbau einer Wirtschaft."

Externe Entwickler können mit Marken zusammenarbeiten und auf komplexere und nachhaltigere Weise von ihrer Kreativität profitieren, als wenn sie nur für einen Job bezahlt werden.

„Das ist sehr weit weg von dem, was wir jetzt tun", räumt Ana ein. „Aber es scheint die Richtung zu sein, in die sich die Dinge entwickeln."

Tatsächlich glaubt sie, dass einige sich verändernde Beziehungen in Eigentumsmodellen, von Teileigentum an Vermögenswerten bis zu reinen Mietmodellen, die Art und Weise verändern könnten, wie wir Marken in unserem Leben wahrnehmen und nutzen.

„Wir bewegen uns auf ein Dienstleistungsmodell zu, das die Produktionskosten und den ökologischen Fußabdruck reduziert. Und dann werden Unternehmen fast wie Plattformen, auf denen Kreative aufbauen können. Wir nutzen die Kreativität außerhalb des Unternehmens und sie nutzen das Eigentum an ihrer eigenen Kreation."

Zum Beispiel glaubt sie, dass die aufkommenden Wiederverkaufs- und Mietmodelle die Wirtschaft grundlegend von einer auf Produktion basierenden zu einer auf Gebühren, Finanzialisierung von Dienstleistungen und Teileigentum basierenden Wirtschaft verändern.

„Wir alle können Kuratoren werden, und wenn man kuratiert, erlangt man Status nicht durch Eigentum, sondern durch seinen Geschmack", argumentiert sie. Und die fähigsten Kuratoren sind diejenigen, die davon profitieren können.

Dies sind die Kuratoren, die den kulturellen Bogen zwischen Vergangenheit und Gegenwart spannen können. Sie haben ein gutes Auge, kennen die Erzählungen und Geschichten und können Wert darauf legen, die neueste Tasche zu überspringen, um eine von 1987 zu bekommen, die niemand kennt, aber alle bewundern.

„Das ist ‚Mein Geschmack ist besser als deiner'. Das heißt, Wege zu finden, Status durch Wissen, Insiderinformationen und Zugehörigkeit auszudrücken, Teil eines Clubs zu sein, durch den persönlichen Geschmack", sagt sie.

„Wenn sich die Statussymbole vom Kleiderschrank in die digitale Kollektion verlagern, ist das eine gute Veränderung", fügt Ana hinzu und weist auf die Verringerung des Drucks auf die Lieferketten und des Bedarfs an Rohstoffen hin. Sie sieht dies jedoch nicht als unkomplizierten Übergang an, ebenso wenig wie den grünen Wandel – auch wenn er zum Standard geworden ist.

Sie ist fasziniert von der Idee, dass Status nicht durch physische, sondern durch digitale Güter entsteht, und verweist auf Beispiele wie Bored Ape Yacht Club oder CryptoPunks. „Dies sind Statussignale in einer digitalen Brieftasche, aber auch auf Instagram und Twitter, als Zeichen dafür, dass man dabei ist und 10.000 Dollar oder mehr für die virtuellen Avatare ausgeben kann. Der Zweck des Produktes ist reines Statussymbol. Der Wert liegt nicht in der Ästhetik, sondern im Statussymbol – es wird von zahlreichen Menschen begehrt."

Und selbstverständlich kann man in dem Moment, in dem man sein Produkt von einer reinen Handelsware zu einem Kunstwerk, einem Sammlerstück macht, seinen Wert exponentiell steigern. Langsam und vorsichtig bewegen sich die Luxusmarken in diese Richtung.

„Luxusmarken haben lange gebraucht, bis sie auf Websites und in sozialen Medien aufgetaucht sind, aber hier waren sie sehr schnell, was eine positive Entwicklung ist."

Und warum? Ganz einfach. Die Generationen, die die Marken führen, haben sich geändert – an der Spitze sitzen jetzt Menschen in den Vierzigern und damit digitalaffine Millennials. Sie weist aber auch darauf hin, dass NFTs so etwas wie eine Ablenkung sind: eine sichere und einfache Möglichkeit, etwas Neues zu tun, ohne das Unternehmen grundlegend verändern zu müssen.

„Also, ja, Sie verkaufen eine Tasche in Roblox, aber diese Tasche kann im Moment nur in dieser bestimmten

Umgebung verwendet werden", erklärt sie. „Sie ist nicht auf der Blockchain, also ist sie nicht wirklich interoperabel. Sie kann nicht aus diesem System heraustransportiert werden."

Digitale Statussymbole und NFTs haben noch nicht die Größenordnung und den Wert erreicht, um echtes Geld damit zu verdienen – sie sind Teil einer inkrementellen Entwicklung ihrer Online-Präsenz.

Die großen Gewinne liegen in zwei Richtungen:

- Zugriff auf die Archive
- Dezentrale autonome Organisationen

Was macht den Griff in die Archive so wichtig? Die Wiederbelebung der Archive in digitaler Form ist ein Gewinn für mode- und designorientierte Marken.

„Dass alles zyklisch ist, ist ein Grund, und ein weiterer ist die Tatsache, dass es sich um kostenloses Geld handelt. Es reduziert tatsächlich die Produktionskosten für Rohstoffe, die Arbeitskosten der Lieferanten, die Kosten für Produktion und Vertrieb. Man hat es bereits geschaffen und besitzt all das bereits."

Und die Verbrauchernachfrage ist bei der Gen Z vorhanden, stellt Ana fest, wobei sich in dieser Bevölkerungsgruppe eine starke Verschiebung hin zu Vintage- und Secondhand-Stücken abzeichnet – die Grenzen zwischen einstmals unterschiedlichen Kategorien verschwimmen.

„Wir sind wieder beim menschlichen Verhalten", sagt Ana. „Plötzlich macht es keinen Spaß mehr, die neueste Kollektion zu tragen. Aber wenn Sie Poshmark und Depop sehen, dreht sich alles um individuellen Stil. Und vergessen wir mal für einen Moment, dass der Stil vieler Individuen genau wie der anderer Individuen ist, weil sie menschliche Kreaturen sind. Sie brauchen das Gefühl, Teil desselben Stammes zu sein. Aber gleichzeitig wollen die Menschen zumindest die Illusion haben, dass sie ihren eigenen persönlichen Geschmack haben."

„Also schauen und suchen sie gerne, und es ist wie: ‚Oh, schau, was ich gefunden habe.' Es macht keinen Spaß, in den Laden zu gehen und das anzuziehen, was einem jemand anderes empfohlen hat. Es geht darum, was man für sich selbst herausfindet und was die eigenen Freunde gut finden."

Das Internet hat diese Grundidee übernommen und auf die Spitze getrieben.

„Man kann sich nicht nur von seinen Freunden inspirieren lassen, sondern auch von seinen entfernten Netzwerken. Marken sollten also ganz klar ihre Archive öffnen. Diese Teile befinden sich bereits auf den sekundären Marktplätzen, wo die Marken nichts daran verdienen. Warum sollten sie also kein Geld verdienen, wenn die Nachfrage nach Vintage vorhanden ist und sie etwas viel Authentischeres haben als etwas, das jemand aus dem Schrank seiner Oma kramen kann?"

Das bringt uns zurück zur Idee von Marken als emergente Narrative. Aber bei der Verwertung der Archive geht es nicht nur darum, der Marke ein „Erbe“ zu verleihen.

„Es geht vielmehr um den Reichtum der Erzählung“, sagt Ana. „Es geht darum, Bedeutungsebenen und Assoziationen hinzuzufügen. Wenn Sie an Supreme denken, kann es sein Logo auf Dinge kleben, weil die Markenassoziationen klar sind. Es erinnert uns an New York City Mitte der 1990er-Jahre, die Skateboard-DJ-Kultur der Lower East Side, und wer will das nicht? Wenn Sie Ihr Archiv öffnen, machen Sie Ihre Geschichte doppelt interessant.“

Und diese Markenerzählung muss von einer Vision getragen werden. Vom Polarstern einer Marke.

„Es geht darum, immer und konsequent dieselbe Vision umzusetzen und sie nach und nach anzureichern“, sagt sie.

Eine umfassende Markenerzählung kann es grundsätzlich ermöglichen, dass eine Marke beständig und konsistent existiert, wenn sich die Kultur um sie herum verändert. „Sie kann existieren, weil sie so reiche Assoziationen hat.“

Als Gegenbeispiel nennt Ana Marken, die so sehr mit Minimalismus in Verbindung gebracht werden, dass sie Probleme haben, wenn er unmodern wird. Sie ist jedoch der Meinung, dass die wirklich grundlegenden Unterschiede in einer anderen Richtung liegen werden: wirklich dezentrale autonome Organisationen.

Dezentrale autonome Organisationen (decentralised autonomous organisations, kurz DAOs) sind heute kompliziert zu errichten, da alle Richtlinien und Vorschriften für das alte Vertrauensmodell, die Web-2.0-Ökonomie, entwickelt wurden. Aber überlegen Sie mal, was passiert, wenn Menschen DAOs erstellen, um etwas zu kaufen oder zu erstellen – denken Sie darüber nach, wie das die Dinge verändert. Die Kaufkraft verschiebt sich dann in Richtung Distribution.

„Stellen Sie sich vor, die größten Trends und die größte Kreativität würden im virtuellen Bereich passieren", schließt sie. „Anstatt immer die neueste Mode in der physischen Welt zu kaufen, können Sie Ihre bequeme, vertraute Kleidung tragen und in der virtuellen Domäne protzen. Es wird nicht morgen passieren, aber es ist etwas, das man in Betracht ziehen sollte, wenn wir uns auf eine immaterielle Welt zubewegen."

Es ist also noch nicht zu spät. Diese Entwicklung des Marketings ist jung, sie steckt noch sehr in den Kinderschuhen. „Die geschäftlich relevantesten Dinge stehen noch bevor", sagt Ana.

Takeaways

① Die besten Marken haben sowohl materielle als auch immaterielle Vermögenswerte.

② Eine starke Markenerzählung ermöglicht es einer Marke, in sich verändernden Umgebungen relevant zu bleiben.

③ Neue Technologien erlauben es Marken, ihre eigenen Archive in digitalen Räumen zu nutzen.

④ Tokenisierung und DAOs ermöglichen neue Beziehungen zu externen Kreativen.

Fazit

Zeit für ein neues Level

In den letzten 22 Kapiteln haben wir untersucht, was es bedeutet, ein Next-Level-CMO zu sein. Wir haben mit verschiedenen Persönlichkeiten in der Marketingwelt gesprochen, die in sehr unterschiedlichen Bereichen arbeiten und jeweils ihre eigene Vision der CMO-Rolle haben. Einige lehnen die Bezeichnung CMO sogar ab, während andere sich dafür entscheiden, sie anzunehmen und zu erweitern. Alle haben sich jedoch auf ihrem Gebiet hervorgetan und wir können viel von ihren Einsichten lernen.

Bei allen Unterschieden, Debatten und Meinungsverschiedenheiten haben sich einige klare Gemeinsamkeiten herauskristallisiert.

Schauen wir sie uns an.

Wir sind jetzt postdigital

Anfang der 2010er-Jahre blickte unsere Schwesterkonferenz auf eine postdigitale Welt voraus: eine Welt, in der das Digitale so allgegenwärtig ist, dass es keine eigenständige Idee mehr darstellt. Für die CMOs der nächsten Stufe ist diese Welt bereits Realität. Digitales Marketing ist keine separate Disziplin; es ist tief verwurzelt in allem, was sie tun. Die Barrieren zwischen digitalem und analogem Marketing sind verschwunden, und jeder erfahrene Marketeer muss wissen, wie er beides optimal einsetzen kann.

Lieben Sie Daten, aber lassen Sie sich nicht von ihnen beherrschen

Die Botschaft ist klar: Lassen Sie sich von Ihren Daten beraten, nicht von ihnen steuern. Das sollte keine Überraschung sein. Daten können ein beruhigender Schutzschild sein, hinter dem Sie sich verstecken können, da sie Ihnen die Gewissheit geben, dass Ihre Entscheidungen sinnvoll und gerechtfertigt sind. Entscheidungen, die allein auf Daten basieren, werden jedoch niemals ein kreatives Wagnis sein, und sie werden niemals ein riskanter Schachzug sein, der Ihren Kundenstamm und Ihre Mitarbeiter inspiriert.

Gute Daten sind Ihre Basis. Sie verschaffen Ihnen ein tiefes Verständnis, das Ihnen die Freiheit gibt, Risiken einzugehen, die aus Ihrer eigenen Inspiration und

Kreativität entstehen. Sie müssen jedoch nicht selbst ein Datenexperte sein. Möglicherweise müssen Sie nicht einmal einen in Ihrem Team haben. Finden Sie Ihre Datenexperten und lernen Sie, ihnen zu vertrauen, seien es interne oder externe Partner.

Apropos ...

Jeder braucht gute Partner

Das Spektrum der im modernen Marketing benötigten Fähigkeiten und Kenntnisse ist riesig. Sie müssen sich nicht in allen von ihnen persönlich auszeichnen. Sicher, Sie müssen sich all dessen bewusst sein, aber oft nur in dem Maße, dass Sie wissen, wann Sie fachkundige Hilfe benötigen. In der Lage zu sein, ein starkes Team von Experten in bestimmten Disziplinen aufzubauen, entweder intern oder in Partnerschaft mit externen Beratern, ist eine entscheidende Fähigkeit. Da sich die Marktbedingungen so schnell und unvorhersehbar ändern, kann eine einzelne Person oder ein einzelnes Team nicht über alle Fähigkeiten verfügen, die nötig sind, um sich rechtzeitig anzupassen.

Die Konstruktion von Narrativen

Eine Sache, die der Next-Level-CMO jedoch beherrschen muss, ist das Narrativ. Ja, damit ist der traditionelle Ansatz gemeint, eine Erzählung um eine Marke oder ein

Purpose: der Grund für die Existenz eines Unternehmens, der als Grundlage für das Marketing verwendet wird; wird heute häufig als bestimmender Teil des Markenauftritts eines Unternehmens verwendet und schließt Themen wie Nachhaltigkeit und soziale Verantwortung von Unternehmen ein

Produkt herum zu konstruieren – aber es geht genauso sehr darum, eine starke Geschichte darüber zu entwickeln, was das Unternehmen tut und in welche Richtung es sich bewegt.

Die alten Zeiten, in denen die interne Kommunikation eine Abteilung zweiter Klasse der Marketingfunktion war, die vom externen Marketing getrennt und ihm unterlegen war, sind vorbei. Wenn Sie das Marketing leiten, sind Sie der wichtigste Geschichtenerzähler im Herzen des Unternehmens.

Und der nächste Punkt macht es erforderlich, sowohl intern als auch extern zu liefern.

Purpose und doppelte Nachhaltigkeit

Wenn Sie lange genug im Marketing tätig sind, haben Sie vielleicht die ständige Iteration um die Idee des „Purpose" satt: Corporate Social Responsibility führt zu Nachhaltigkeit, die wiederum zum Purpose führt. Das müssen Sie sich zu eigen machen. Sowohl Kunden als auch Mitarbeiter suchen ständig nach Unternehmen, die einen bestimmten Zweck verfolgen und für die sie arbeiten oder von denen sie kaufen können. Und das Internet hat ihnen die Werkzeuge an die Hand gegeben, um „Purpose-Washing" zu entlarven.

CMOs sind dafür verantwortlich, das Unternehmen für sein eigenes zweckorientiertes Narrativ in die Pflicht zu nehmen, nicht zuletzt weil sie die Ersten sein werden, die die Auswirkungen einer Abweichung davon durch das Kundenverhalten spüren. Aber das bedeutet nicht, dass sie nicht auch auf das Betriebsergebnis achten müssen: Zweckorientierte Unternehmen müssen sowohl ökologisch als auch wirtschaftlich nachhaltig sein. Das eine befruchtet das andere.

Trends sind mehr als trendy

Hier gilt es, vorsichtig zu sein. Ein guter Marketeer muss Trends und Entwicklungen des Geschmacks und der Vorlieben der Kunden kennen. Aber er muss auch in der Lage sein, das bloß Trendige vom wahren Trend zu unterscheiden.

Nehmen wir den großen technologischen Wandel, der uns in naher Zukunft bevorzustehen scheint: Die Web3-Technologien werden sicherlich einen gewissen Einfluss haben, aber in welchem Umfang und auf welche Weise? Wenn man über die aktuelle Blase um NFTs als Sammlerstücke hinausblickt, erlaubt die zugrunde liegende Technologie eine echte Portabilität digitaler Güter zwischen Systemen? Werden dezentrale autonome Organisationen die Art und Weise verändern, wie wir mit externen Kreativen zusammenarbeiten? Wir kennen die Antworten noch nicht. Die klugen Marketeers beobachten, wie sich die Technologie entwickelt. Der echte Next-Level-CMO führt bereits einige Experimente durch.

Wenn sich eine Best Practice herauskristallisiert hat, ist die Gelegenheit, den Marktvorteil zu nutzen, schon vorbei.

Kundenorientierung

In gewisser Weise haben wir das schon gesagt:

- Daten spiegeln nur Kundenverhalten wider
- Aufkommende Trends sind nur von Kunden gezeigte Verhaltensweisen
- Narrative knüpfen an den Wunsch der Kunden nach Lifestyle-Entscheidungen an

Sie verstehen, was gemeint ist. Aber es lohnt sich, dies noch einmal zu betonen. Die digitale Transformation ermöglicht dem Kunden einen besseren Zugang zu Informationen – und damit zu Wahlmöglichkeiten. Und Social Media geben ihnen eine Stimme wie nie zuvor. Viele der großen CMOs, die wir befragt haben, haben dies hervorgehoben: Die wirkliche Integration der Digitalisierung in die Art und Weise, wie sie ihr Geschäft betreiben, bewirkt einen Unterschied, den ein bloßes Lippenbekenntnis nicht erreichen kann.

Ganzheitliche Systemsicht

Gute Marketeers haben schon immer gewusst, dass es bei ihrem Handwerk um mehr geht als um Werbung für bestehende Produkte. Diese Erkenntnis war noch nie so wichtig wie heute. Der Marketeer muss sich der Kundenerfahrung ebenso bewusst sein wie der Herausforderungen des Vertriebs. In einer Multi-Touchpoint-Welt, in der Kunden erwarten, dass Waren, Dienstleistungen und Informationen überall dort verfügbar sind, wo sie mit einem Unternehmen interagieren, muss der CMO eine ganzheitliche Sicht darauf haben, wie das Unternehmen mit seinen Kunden auf allen Ebenen interagiert.

Das erstreckt sich auch auf Disziplinen, die traditionell nicht in den Zuständigkeitsbereich des Marketingspezialisten fallen. Wie die Welt auf schmerzhafte Weise erfährt, sind Lieferketten wirklich wichtig. Einige Unternehmen haben Wert darauf gelegt, sie zu kartieren und sie sehr detailliert zu verstehen, oft aus Gründen der Nachhaltigkeit und des Purpose. Das versetzt sie in eine bessere Position als viele andere, um den kommenden Sturm zu überstehen.

Das nächste Level erreichen

Am Ende ist jedoch eines klar: Es gibt kein einheitliches Modell für einen CMO der nächsten Stufe. Um sich so etwas überhaupt vorstellen zu können, müsste man glauben, dass es in unserer nächsten Zukunft einen stabilen Zustand gibt, eine neue Norm für Unternehmen, die es ermöglicht, diese einzigartige Vision der CMO-Rolle zu entwickeln.

Die neue Normalität ist, dass es keine neue Normalität gibt.

Unser wahrer Next-Level-CMO wird sich von Job zu Job, von Branche zu Branche bewegen und die Kernkompetenzen, die wir oben besprochen – und in diesem Buch erforscht – haben, in unterschiedlichem Maße und auf unterschiedliche Weise einsetzen, je nach den Anforderungen des Unternehmens, seiner Produkte und vor allem des Kundenstamms.

Ist das eine Herausforderung? Ja, selbstverständlich. Die Vorstellung, dass man aus einem Marketingstudium mit all den Fähigkeiten hervorgehen könnte, die eine Karriere bestimmen, ist hinfällig. Wir treten in eine Ära ein, in der der Wunsch, zu lernen und neue Fähigkeiten und Erkenntnisse zu entwickeln, entscheidend für einen nachhaltigen beruflichen Erfolg ist. Wenn es eine Fähigkeit gibt, die das Herzstück der Werkzeugkiste des Next-Level-CMO ist, dann ist es die Fähigkeit, aggressiv neugierig zu sein.

Es ist Zeit, sich weiterzuentwickeln. Und dank der Großzügigkeit unserer 22 Interviewpartner, die ihre Zeit und ihre Einsichten zur Verfügung gestellt haben, haben Sie jetzt einen Vorsprung, um genau das zu tun.

Über die Autoren

Über die Autoren

Martin Recke ist Unternehmensredakteur bei Accenture Song. Er hat Bücher wie *Transformationale Produkte* (von Matthias Schrader), *Parallelwelten* (auf Englisch) und *The Great Redesign* (2020) veröffentlicht und schreibt regelmäßig für das NEXT Insights Blog.

2006 war er Mitbegründer der renommierten NEXT Conference. Martin war von 2001 bis 2021 im Bereich Marketing und Kommunikation bei SinnerSchrader tätig. Er ist Politikwissenschaftler und Blogger mit journalistischem Hintergrund.

Adam Tinworth ist Wirtschaftsjournalist und schreibt seit dem Dotcom-Boom in den 1990er-Jahren über die Digitalisierung des Geschäftslebens. Er schreibt seit über einem Jahrzehnt für NEXT Insights und seit fast 20 Jahren für sein eigenes Blog One Man & His Blog.

Neben seiner Schreibtätigkeit berät er digitale Unternehmen zu ihren Strategien für Online-Inhalte und hält Vorlesungen über Fähigkeiten und Strategien zur Einbindung des Publikums an der City, University of London.

Kein Buch ist eine Insel

Danksagungen

Kein Buch ist eine Insel. Ohne die 22 Marketingfachleute, die uns ihre kostbare Zeit zur Verfügung gestellt haben, wäre dieses Buch nicht möglich gewesen. Monique van Dusseldorp, Juliane Hennig, Thomas Müller, Petra Seipp und Lennart Wittgen haben uns geholfen, mit ihnen in Kontakt zu treten.

Ina Feistritzer hat uns bei der Entwicklung des Konzepts unterstützt. Das wordinc-Team in Hamburg hat das Manuskript sorgfältig lektoriert und korrigiert, um den Text druckreif zu machen. Viktoria Klein und Steffen Heidemann (Stellavie) haben ihn in seine schöne Form gebracht.

Vielen Dank an euch alle.

Hamburg, im Juni 2022

A

A/B-Test: ein Experiment mit zwei oder mehr Versionen einer Anzeige, eines Textes oder eines anderen Marketing-Assets, um festzustellen, welche Version am besten funktioniert

agil: ein iterativer Ansatz für die Software-entwicklung, der verwendet wird, um auf Veränderungen zu reagieren; wird auch in anderen Kontexten eingesetzt, zum Beispiel im Marketing

C

Conversion Rate: der Anteil aller Besucher oder Personen, die mit einer Anzeige interagieren, die ein bestimmtes Ziel (eine Conversion) erreichen, zum Beispiel sich für einen Newsletter anmelden oder ein Produkt kaufen

Customer Insights: das Verständnis von Kundendaten, -verhalten und -feedback

Customer Journey: die gesamte Geschichte der Interaktion zwischen Kunden und Unternehmen

Customer Journey Mapping: der Prozess der Abbildung der → Customer Journey

Customer Lifetime Value: der Gesamtumsatz, den Unternehmen vernünftigerweise von einem Kunden über die gesamte Zeit der Kundenbeziehung hinweg erwarten können

Customer Relationship Management (CRM): die Verwaltung der Beziehungen zwischen Kunden und Unternehmen, oft mithilfe von Technologien wie CRM-Systemen

D

Direct-to-Consumer (D2C): der Verkauf direkt an Verbraucher, ohne Groß- oder Einzelhändler

E

Earned Media: eine Promotion (→ vier Ps), die weder Werbung (→ Paid Media) noch Branding (→ Owned Media) ist

EBIT: das Ergebnis vor Zinsen und Steuern; ein Indikator für die Rentabilität eines Unternehmens

F

Fast Moving Consumer Goods (FMCG): Produkte des täglichen Bedarfs, auch bekannt als Konsumgüter (Consumer Packaged Goods, CPG)

First-Party-Daten: die Daten, die ein Unternehmen direkt von seinen Kunden erhebt, im Gegensatz zu Third-Party-Daten, die aus externen Quellen stammen

Funnel → Sales Funnel

I

Inbound-Marketing: die Gewinnung von Kunden durch die Entwicklung von Inhalten und Erlebnissen für sie (→ Earned Media und → Owned media)

K

Key Performance Indicator (KPI): ein messbarer Indikator für das angestrebte Ziel

L

Lower Funnel: der Teil des → Sales Funnels, an dem potenzielle Kunden bereits bekannt sind oder schon mit einer Marke interagiert haben

M

Media Journey: der Teil der → Customer Journey oder des → Sales Funnels, der von → Paid, → Earned oder → Owned Media geprägt ist

Mid Funnel: der Teil des → Sales Funnels, wo Marketing auf Sales trifft und die Marke von potenziellen Kunden als mögliche Lösung in Betracht gezogen wird

Multi-Touch-Attribution: eine Methode der Marketingmessung, die alle Touchpoints der → Customer Journey auf ihren Einfluss auf die Conversion (→ Conversion Rate) hin untersucht

O

Objectives and Key Results (OKRs): ein Framework für die messbare Zielsetzung und Ausrichtung in Teams und Organisationen

Ökonomisierung: die Ausbreitung des Marktes oder seiner Ordnungsprinzipien und Prioritäten auf Bereiche, in denen in der Vergangenheit wirtschaftliche Erwägungen eine untergeordnete Rolle spielten oder die privat bzw. solidarisch organisiert waren

Omnichannel: ein Multichannel-Ansatz für den Vertrieb, der alle Kanäle in ein nahtloses Erlebnis integriert

Owned Media: Marketingkanäle, die einer Marke gehören und von ihr kontrolliert werden, im Gegensatz zu → Earned Media und → Paid Media

P

Paid Media: Marketing, vor allem Promotion, mittels bezahlter Werbung; wenn es keine Bezahlung gibt, handelt es sich entweder um → Earned Media oder um → Owned Media

Performance-Marketing: eine Marketingstrategie, die auf messbare Ergebnisse (→ Conversion Rate, → Key Performance Indicator) ausgerichtet ist und Daten zur Entscheidungsfindung nutzt

Purpose: der Grund für die Existenz eines Unternehmens, der als Grundlage für das Marketing verwendet wird; wird heute häufig als bestimmender Teil des Markenauftritts eines Unternehmens verwendet und schließt Themen wie Nachhaltigkeit und soziale Verantwortung von Unternehmen ein

R

Relationship Net Promoter Score (RNPS): zielt darauf ab, die Kundenbindung anhand einer auf die Kundenbeziehung bezogenen Kennzahl zu messen, im Gegensatz zu einem transaktionalen NPS

S

Sales Funnel: die Schritte, die ein potenzieller Kunde vom ersten Kontakt mit einer Marke oder einem Unternehmen bis zur Kundenwerdung durchlaufen muss; oft unterteilt in → Upper Funnel, → Mid Funnel und → Lower Funnel (→ Customer Journey)

Scrum: ein → agiles Framework für die Entwicklung von Software und anderen Produkten

Spotify Squads: funktionsübergreifende, selbst organisierte Teams, die sich auf ein bestimmtes Produkt oder Feature(-Set) konzentrieren

T

Tech-Stack: eine Kombination von Technologien, die quasi aufeinandergestapelt werden, um ein Produkt zu entwickeln

U

Upper Funnel: der Teil des Marketings – oft Werbung –, der darauf abzielt, eine Marke oder ein Produkt bekannt zu machen und neue Zielgruppen anzusprechen

V

vier Ps: die Schlüsselfaktoren des Marketings im klassischen Marketingmix: Product, Price, Place und Promotion